智 读 汇

连接更多书与书，书与人，人与人。

"心灵种树"系列丛书

给孩子心灵种树

金武官　陈鸿雁　著

当代世界出版社

图书在版编目（ＣＩＰ）数据

给孩子心灵种树 / 金武官，陈鸿雁著 . -- 北京：
当代世界出版社，2022.1
ISBN 978-7-5090-1619-0

Ⅰ . ①给… Ⅱ . ①金… ②陈… Ⅲ . ①青少年心理学
－通俗读物 Ⅳ . ① B844.2-49

中国版本图书馆 CIP 数据核字（2021）第 206537 号

给孩子心灵种树

作　者：	金武官　陈鸿雁
出版发行：	当代世界出版社
地　址：	北京市东城区地安门东大街 70-9 号
网　址：	http://www.worldpress.org.cn
编务电话：	（010）83907528
发行电话：	（010）83908410（传真）
	13601274970
	18611107149
	13521909533
经　销：	全国新华书店
印　刷：	涿州市旭峰德源印刷有限公司
开　本：	710 毫米 ×1000 毫米　1/16
印　张：	17.25
字　数：	210 千字
版　次：	2022 年 1 月第 1 版
印　次：	2022 年 1 月第 1 次
书　号：	ISBN978-7-5090-1619-0
定　价：	59.90 元

我有一个梦

我有一个梦，这个梦源于 50 年前我的一次难忘的经历。

1966 年 5 月，我是一个初中三年级的学生，正面临着中考，然而我却突然得了急性肺炎住进了医院。我在极度焦虑、担忧中度过了在医院的第一天。

第二天，我床边突然多出一本书——《对立统一规律一百例》，这是一本非常有意思的通俗哲学书。正是这本书，改变了我今后的人生。

书中用案例阐述的哲学道理，像沙漠中的甘泉滴进我焦躁的心田，哲学开悟带来的兴奋让我当天晚上失眠了。

失眠之夜的第二天早晨，焕然一新的感觉至今仍然清晰：太阳是那么灿烂，周围的人都变得那么亲切！

至今我都在惊叹：世界上竟有如此神奇的东西，在如此短的时间内就能让人微笑着面对身体病痛和精神痛苦！

从此，哲学成了我的上帝，让我在之后 50 年的时间里，没有抱怨，没有无聊！哲学让我突破了以往功利凡俗的天花板，站在更高的维度审视世界，以利他的动机引领人生。

我出院后不久，《青年马克思传》中的一段话深深地触动了我。有人问马克思，为什么要从事艰苦而又无利的社会科学研究？马克思说，他要造就好人，在好人的土地上，他本身也是幸福的。

从此，"造就好人"也成了我的一个梦！

怀着造就好人的梦，1968年，我放弃了留在上海工矿的机会，主动去往黑龙江生产建设兵团。在一天辛苦的劳动后，我组建了业余学习小组，帮助了一个后进知青，让他入了党，并成为连队的副指导员。

怀着造就好人的梦，1980年，我从上海交通大学附属瑞金医院临床岗位转到大学生指导员岗位。当时我在思考：怎样把这些医学生造就成好人？除专精的医学技术外，他们的人格又是怎样的呢？我首先想到了哲学，接着想到了社会伦理，最后想到了自我认识。于是，一个"三个支柱"的好人人格框架就这样形成了：哲学支柱、社会伦理支柱、自我认识支柱。

怀着造就好人的梦，1996年，我创建了上海交通大学附属瑞金医院青少年心理咨询中心。我又在思考：怎样把这些青少年心理疾病患者从异常矫正为正常，再从正常进一步打造成好人？

在近30年10万人次的实践中，我脑海中终于形成了一个造就好人的体系——心灵种树3353核心价值信仰体系：

第一个数字"3"，代表人的三个根本问题；

第二个数字"3"，指的是三棵树，我把原来的三支柱修改为哲学、人文、生命三棵树；

第三个数字"5"，代表"五字"理想性格；

第四个数字"3"，代表三个成功。

我做了50年造就好人的梦，如今好梦终于成真。造就好人在我心中不再是虚空、抽象的梦，而是有具体内涵并可以实际操作的步骤，用树的方式阐明是什么、为什么、怎么办的闭环逻辑，构建好人的三观。

首先，给心灵种上生命树，构建生命观。树根阐明宇宙万物中没有什么比人的生命更幸运、更珍贵、更神圣这一事实。树干得出结论：活着真好，带着爱，享受一切；以命为本；让生命发光，依自己的天赋、兴趣、社会趋势确定一件自己喜爱的事，以高度的自律做好这件事。

其次，给心灵种上人文树，构建人文观。树根阐明人所需要的，除了阳光、空气是自然产物外，没有一样不是社会的产物。树干得出结论：责、尊、恩、善、礼、理、诚、恕、则。

最后，给心灵种上哲学树，构建哲学观。树根阐明"存在是什么"。存在不是主观认为的应该出现，它是合力的必然结果，是客观的、多维的、有规律的。树干得出主观"怎么办"的结论：带着好奇、兴趣探究一切事物，科学求真、讲真、践真、坚真。

在上述三棵树上结出"三成功一高贵"的信仰果实，它们分别是——

生命成功：健康幸福地活过百岁；

内部成功：智慧、情感方面最大限度地自我实现；

外部成功：内部成功后自然得到实现自由所需的物质条件；

高贵：有使命、有担当、有教养。

"在遇到心灵种树之前，我的内心一半是空荡而荒凉的；在遇到心灵种树之后，心灵种树重塑了我的思维与三观，我的抱怨几乎消失，最终摆脱了一贯的焦虑与羞愧，我的生活状态日益好转。"这是一位大学生写给我信中的一段话。

"您的心灵种树课程让我醒悟过来，直接打通了我的任督二脉，以前困扰我的问题都迎刃而解了。"这是一位高中生的留言。

"我带着读一年级的女儿一起听了您的心灵种树课程，她上课走神、不爱写作业的毛病再也没有了，我也改变了家庭教育的理念。"这是一位家长的话。

"即便给您送锦旗也无法表达我们全家的感激之情，如果没有接触到您的心灵种树理论，我儿子这一辈子都与本科无缘了。"一位家长写来感谢信，并附上孩子和他大学录取通知书的照片。

这样的实例还有很多，本书会详细呈现，为的是让更多的人受益！

感谢我的两位学生陈鸿雁、郑永烨，他们把我近30年的实践案例和心灵种树理论整理成书，并很好地应用于家庭教育、企业培训、社区心理服务、青少年情商提升等实践之中；心灵种树学苑的成立，更是让心灵种树体系广泛地传播开来，使越来越多的家庭受益。

在这样成功、高贵、幸福的好人组成的土地上，我也是幸福的！

金武官

上海交通大学附属瑞金医院主任医师、教授
瑞金医院青少年心理咨询中心主任、上海市家庭教育专家
中国关心下一代工作委员会上海专家委员会专家、东方讲坛特聘讲师

目录 /Contents

序篇

关于心灵种树

2020 年大年初四，我们开车去办公室，路过外滩。大雨过后的外滩，空气清新，景色宜人。这里原本应是人头攒动，来自全国各地的人们摩肩接踵、争相欣赏美景的地方，而此时却是人迹寥寥，一片静谧。

我们之所以在假期加班，是因为要接听心理援助热线、在网上给人们做心理疏导。突然的疫情将人们关在家里，很多人出现"应激状态"：紧张、焦虑、担忧、失眠。

由于疫情，这个春节假期变得特别漫长，孩子们的开学时间也一再延期。为了不耽误孩子们的学习，教育部提出"停课不停学"，于是在家上网课成了全国中小学生的首要任务。

而很快，"快被孩子网课逼疯"的家长们成了心理求助的主要人群。

"陈老师，我快被孩子逼疯了。天天被老师在微信群中催着交作业，但孩子在家就是不写。今天孩子又被老师在群里点名，我都要崩溃了，一时没忍住打了孩子……"

"我现在基本靠吼了，每天早上都是猛地掀起被子把她揪起来上网课……"

"我们对孩子是晓之以理，动之以情，惩罚、奖励都用了，就是不管用……"

且不说做作业、上网课这种头等大事，就是起床、吃饭、睡觉这样的日常小事，不少家长使尽各种手段，却屡屡在和孩子的"斗智斗勇"中败下阵来。

媒体报道中，更是出现了"家长跳河""孩子跳楼"的极端事件。

2020 年 3 月，我们应邀在某平台进行直播，焦虑的妈妈们都在问："到底该怎么办？""有没有好的方法？"

此时的家长们想寻求一种"一招制胜"的法宝，可以让孩子服服帖帖、老老实实、规规矩矩地上网课、写作业、起床、吃饭、睡觉……

擅长家庭教育和亲子沟通的心理咨询师郑永烨老师听到这些家长的问题后，轻叹一口气，说："很多家长平时与孩子的'联结'就不够……"

在与焦虑的妈妈们进行沟通时，除了倾听、共情、疏解情绪之外，我重点将心灵种树体系中"哲学树五句话"的精髓——讲解，并与家长们一起讨论，如何将这五句话运用于当下与孩子的沟通，以及解决孩子在家上网课、写作业、规律作息等问题中。

我们很快得到反馈，那些领悟且运用好"哲学树五句话"的家长，不到一星期，他们所焦虑的问题都有了好转。

我愈发感觉到"心灵种树"用于家庭教育是多么合适，愈发迫切地想要抓紧心灵种树系列丛书的出版，以使更多的家庭受益。

你相信吗？

我们第一次接触"心灵种树"，是在 10 年前。当时应一位媒体朋友之邀，去采访上海交通大学心理学教授金武官。刚好金教授从外地讲学回来，郑永烨老师开车去浦东机场接上他，然后我们一起在世纪大道一家饭店里用晚餐。

"给你们念一段微博中的文字，"席间，金教授认真地说，"你们俩听了之后，回答我几个问题。"

我和郑永烨老师马上集中精神，饶有兴趣地侧耳倾听。这到底是怎样的一段话呢？

"什么状态都接受，什么都不妄加批判和评论，安心地接受自己各种时刻的各种状态，并且相信自己，相信未来美好，感受一切，感恩一切。"金教授一字一顿地念了这样一段话，然后问我们，"第一个问题，你们觉得这段话，是某个人自己写的还是转载的？"

"是转载的。"郑永烨说。

"我觉得是某个人自己写的。"我回答。

"好，第二个问题，"金教授继续道，"这段话表达的是当下的心情还是期望的理想状态？"

"是期望的理想状态。"郑永烨说。

"应该是表达自己当下的心情吧。"我答道。

"第三个问题，发这段话的是年轻人、中年人还是老年人？"

"是年轻人。"郑老师抢答道。

"应该是老年人。"我说。

"第四个问题，发这段话的人，是有宗教信仰的、学心理学的，还是都不是？"

"有宗教信仰的。"郑老师答。

"学心理学的吧。"我说。

"你们用孔子量表来测量一下这段话达到的境界。"金教授又出了一道题。

"孔子量表？"我们惊异地问。

"就是孔子说，'吾十有五而志于学'……"金教授提示道。

我们接过金教授的话一起念道："吾十有五而志于学，三十而立，四十而不惑，五十而知天命，六十而耳顺……"

"七十从心所欲不逾矩。"我说，"应该是到了这种境界。"

我和郑永烨都望向金教授，等待答案。

金教授给出了答案："我看到这段文字，极为震撼，于是我发了信息问她：'这段话是你自己写的吗？'她回了我：'是我自己一字一句敲出来的。我觉得按照我所写的这种态度对待生活，会过得比以前舒心很多，于是就分享到了微博。我 26 岁，并没有宗教信仰，也没有学过心理学。就是听了您给我讲的哲学树五句话而已。'"金教授看着我们惊愕的表情说："你们刚才大部分问题答错了。是不是很出乎意料？"

是啊，这简直不可思议！我们急切地想知道"五句话就能让一个 26 岁的年轻人达到孔子老年境界"的奥秘。

金教授娓娓道来："一次我在广东作报告，在回去的路上，主办方的一位年轻人小周和我同行。她边走边诉苦，说自己工作很累，对未来很迷茫，常常发脾气，不知道该怎么办。我对她说，现在没有时间跟你讲太多，你可以试试把我心灵种树'哲学树五句话'的核心价值观背下来，回去每天重复一遍。我边走边讲，她边走边背。只用了 20 分钟，她就背熟了。过了一段时间，小周的同事发现她'发生了令人震撼的变化'——原来的她是一个'怒气写在脸上'的人。她是做财务的，有时同事多问她几遍，她就会不耐烦，脸色很难看。现在她却变得非常有耐心，通情达理。她有一次出了差错，按规定要罚 700 元，领导知道她的个性，以为她会来闹，可等了半天，她没有任何动静。领导主动去问她：'扣你 700 元，有想法吗？'小周平静地说：'没想法，应该扣的。'"

这个小周只是理解了金教授送给她的"哲学树五句话"，就不再抱怨、发怒、躁动，进而变得平和，从"怒气写在脸上"转变为"笑容天天洋溢在脸上"。

这也太神奇了吧？如果把这个例子写进报道里，读者可能会对此抱怀疑态度。

"是啊，人们常说'江山易改，本性难移'。要想让一个人改变很难，更何况是在几天之间，而且只是背了五句话而已。"金教授看出了我的疑虑，缓缓说道，"然而这是真事，不仅是这个女孩，还有很多人，他们真的改变了，而且改变得那样快速、全面、根本、持久。"

不久，金教授邀请我们去观摩他的讲座。

那是一个周六的下午，在上海市卢湾区一个青少年活动中心一间很大的教室里，金教授在为一群孩子讲课，周围坐满了人。这些来自全市各小学的注意缺陷多动障碍及学习困难的小学生，在整整两个小时的课程里，都在专心听金教授讲心灵种树，并且踊跃地参与互动，举手投足彬彬有礼。观摩的老师和家长无不为所见的场景感到惊奇，同时心中也充满疑问：这些孩子平时在学校连10分钟都坐不住，在这里怎么能专注地听两个小时？这么长的时间，连普通的中学生也很难坚持，他们是怎么做到的？回到学校、家里，他们会不会又变回老样子？

课程主持人似乎看出了大家心中的疑问，于是说："孩子们，通过学习和训练，觉得自己有变化的，请站到前面来。"在场的孩子们几乎都站到了台前，他们都说自己集中注意力听课的时间长了，成绩也有了很大的提高。一个孩子说："我原来上课只能听老师讲5分钟，现在能听30分钟了，原来算术只能考31分，现在能考90多分。"主持人接着请孩子的家长们分享。一位家长说："孩子好像一下子长大了，现在很懂事，不但对人有礼貌，还有责任心了，在家会主动做家务。"有一位妈妈还拿出自己事先写好的纸条，激动地念了孩子参加课程前后的13条变化。

那时候，我和郑永烨老师刚好考取了国家二级心理咨询师证书。在这场讲座之后，我们决心利用业余时间跟着金教授学习、实践并推广他的这一套"心灵种树"课程及咨询体系。

之后每个双休日，我们在金教授的青少年心理咨询中心都会看到前来咨询的家长和孩子，以及在他们身上发生的难以置信的变化。

案例一：一到考试就变成"抖抖"的初中女孩

带着小黄同学来找金教授做心理咨询的时候，黄爸爸一副疲惫不堪的样子，说："只要能让孩子正常面对考试，让我们做什么都可以。"小黄同学成绩处于班级中上等水平，不知从什么时候起，一到大考，小黄就紧张得全身发抖。她无法正常发挥自己的水平，成绩屡屡下降，有同学甚至给她起了个绰号叫"抖抖"。她越来越不想去上学了。在跟她谈过之后，金教授请黄爸爸带着女儿利用周六时间来参加心灵种树课程。在培训课上，家长和孩子一起聆听金教授讲心灵种树和战略学习法，还参与亲子沟通的训练活动和认识自我、提升自信的游戏。小黄同学每周六参加一天培训，周一回到学校正常上课。3个月后，她中考成绩跃升至全县第一名。进入高中后的每次考试，她每门成绩都名列年级第一，比第二名最少高出 20 分。后来，她以 570 分的成绩考进了复旦大学。黄爸爸兴奋不已，他把女儿的录取通知书复印件和感谢金教授的锦旗送到了金教授工作室。

案例二："一个月提高了 85 分"

"一个月提高了 85 分"——这是 2009 年《新民晚报》中一篇文章的标题。高高大大的小荣是在父母的陪伴下来咨询的。小荣第一次高考落榜后参加复读，在复读期间模拟考试的成绩一直在 330 分左右。在离高考还有一个月时，他的成绩仍然处于这个水平。小荣每天都很烦闷、焦躁，有一次甚至把家里的围栏护板都撬掉了五块半。记得那个周末是5月3日，小荣走进了金教授的教室，聆听金教授的心灵种树和战略学习法。一个多月后，高考结束了，小荣的成绩比平时足足提高了80多分，正好超过本科线。拿到录取通知书那天，小荣全家人给金教授送来了锦旗和感谢信，小荣的父亲激动地说："如果不是金教授的方法，他这一辈子都与本科无缘了。"

案例三：因为网瘾被迫休学的大学生

小林是从上海考到西安读大学的学生，就因为一次换宿舍时他的行李找不到了，从此他在课堂上就听不进去课了，在班级里也不再合群，后来甚至经常旷课去网吧，结果有了网瘾。他的成绩也是一落千丈，一学期7门课中，有5门课都亮了"红灯"。后来学校跟他父母商量，让他休学一年。回到上海的第三天，他被在上海的高中同学叫来听了一堂金教授心灵种树的课。听完课之后，小林还带着很多疑问跟金教授进行了一场"辩论"。辩论的结果是，他第二天就返回西安开始正常读书学习了。

事实上，心灵种树体系不仅对青少年学生产生了作用，也对各行各业的成年人产生了巨大的影响。

一位企业的高管曾努力数年，尝试用各种方法解决自己内心的困惑，然而始终未能彻底解惑，但是在听了金教授一天的讲座后，他的心结彻底打开了。在给金教授的邮件中，他写道："您真的是让我醒了过来，以前困扰我的问题都迎刃而解了。现在我可以如此明朗且神清气爽地进入全新的成长阶段。有了一个属于自己的信仰之后，那种原本行走在迷雾中，看不清楚前方的状况一扫而空。我好像一下子就行走在阳光之下，从内心深处觉得活着真好。在和别人的相处中，我也很容易建立同理心，不再像从前那样过分追求完美。"

一批长期服用安眠药的失眠患者，经过心灵种树团体课程干预，都在不再服用或减量服用安眠药的情况下延长了睡眠时间。社区干部胡师傅写道："学习心灵种树课程之后，我不再依赖安眠药，睡眠质量得到了提高；性格也从内向变成了外向，开始喜欢与人交朋友了。原来我只为生活而工作，现在是为快乐而工作。"

一位山西长治的家长写下了自己听课后的变化："孩子说我'更可以信任了'，我心里涌起一股暖流，呵，好高的评价啊！老婆说我'不像以前那么较真了'，真是不容易啊！我自己觉得改变是，对孩子的学习没有以前那么焦虑了，现在努力做到高质量陪伴；以前总爱胡思乱想，比如没能力、没本事、活着没意思等，现在逐渐不这么想了；对本职工作的态度变得积极了。"

为什么心灵种树能如此快速、根本、全面地改变不同年龄、有不同问题的人？

奥秘在于四个字：准、系、简、复。

第一，准，准确。心灵种树之所以有效，是因为抓准了人的三个根源问题。河南《安阳日报》就此作了评论："与大部分提供知识信息的课程不同，心灵种树阐述的核心价值理念独特、系统而透彻，澄清了人们内心一些长期未能澄清的重大人生问题。"什么是人们内心一些长期未能澄清的重大人生问题？答案即三个"谁"：谁为谁？谁欠谁？谁依谁？爱因斯坦说，提出问题往往比解决问题更重要。心灵种树准确提出了这三个问题，等于解决了一半问题。

第二，系，系统。"心灵种树3353体系"是一个提出问题，解决问题，达到目标的完整的、系统的核心价值系统，这是一个大的系统。在这个大系统中，提出并解决系统中的某一个问题，又是一个小系统，如回答"我是谁"这一问题时，是用一棵生命树的形式来展现。其中，树根提示是什么、为什么，树干回答怎么办，树冠再将这两部分作总结。这就构成了一个严密、闭环的逻辑系统，具有极强的说服力。江西南昌的一位刘老师这样评价心灵种树："世界上竟然还有这样的一套价值体系，它既吸取了中华传统文化的精髓，又借鉴了西方文化的精华，博大而精深。"

第三，简，简洁。心灵种树尽管阐述的都是人生的大问题，但都是用最基本的事实、最简洁的语言来说明的，最后树冠仅仅用五句话就概括了整棵树的全部内容，真正做到了"大道至简"。"至简"则容易记忆。

第四，复，重复。心灵种树强调听完课程后，对整棵树要重新勾画一遍，或将20句话重复一遍，先重复21天，然后到100天。改变的效果是在坚持重复中不断领悟而产生的。

心灵种树具有准、系、简的特点，再经过"大道至简，至简重复，重复领悟，领悟践行，践行化我"的过程，产生上述案例中的效果就不奇怪了。

体系的形成

心灵种树体系的创立源于金武官教授 50 多年前的一次住院经历。

1966 年 5 月，他正面临中考，却突然因急性肺炎被送进了医院。住院第二天，正当身心处于极度痛苦时，一本通俗的哲学书一扫他心灵的痛苦，使他顿觉眼前一片光明。他惊讶不已：世界上竟有如此神奇的东西，让人可以在病痛中乐观微笑！从此，他爱上了哲学。哲学提升了他的境界和格局，让他 50 年没有抱怨，没有感到过空虚。亲身经历让他找到了一生的使命：创立一个以哲学为主干的核心价值信仰体系，造就更多具有高境界的、幸福乐观的人。20 世纪 80 年代初，因工作需要，金教授从医院临床调任医科大学生指导员岗位。当时这些学生很珍惜来之不易的机会，在专业学习上十分刻苦，分秒必争，但对心理教育、思想政治学习不感兴趣，每周一次的心理教育、思想政治学习常常流于形式。"一个理想的大学生应该具备哪些基本素质，用什么理论和方式能确有成效地养成这些素质"，成了那个时期他经常思考的问题。

经过思考和实践，金教授的思路渐渐清晰，认为一个理想的人应该具备三种基本认知：

一是生命，即对自我生命的认知；

二是人文，即对个人与社会的认知；

三是哲学，即对主观与客观关系的认知。

世界上有许多做人的道理，可以归纳到这三个方面：一个认知生命本质的人，他会珍惜生命，去实现生命的价值；一个知道个人与社会关系的人，会具有社会责任感，对他人具有人文情怀；一个知道主客观关系的人，会以宽广的胸怀包容世界，以客观的、坚韧的、自信的态度去做事。

1996 年，金教授接手医院"学习困难"门诊工作，并随后创建了上海交通大学附属瑞金医院青少年心理咨询中心。这个工作使他又一次把关注点转到人的心理问题上。

金教授发现：在孩子上学前，家长关心的主要是孩子的健康状况；在孩子上学以后，家长关心的则主要是其学习情况。那时候大多数孩子是独生子女，一个孩子身上寄托着一对父母和四个老人的希望，如果这个孩子在学习上出了问题，甚至"多动、学习困难"，那简直成了一家人的灾难。家长常常用唠叨、打骂等手段来教育这样的孩子。当这些手段失灵后，他们转而求助医院和学校。医院往往使用药物治疗，而学校则采用补课的方式想将孩子引上正轨。然而，这些都不能从根本上解决问题。于是，这些家长常常在焦虑、失望中煎熬，他们的孩子则在频繁的训斥、打骂、白眼中度日。

金教授面对多动、学习困难孩子的家长万分焦虑的求助，心底产生了强烈的同情。"一定要找出一套根治的方法，把这些长在糖水里的'苦孩子'解救出来！"金教授暗暗下了决心。他发现，在这些孩子身上经常重复着"三部曲"：上课注意力不集中，回家作业要家长"三陪"，考试亮"红灯"。此外，金教授又发现，孩子的学习困难是因其多动、分心所致，而这又是因其心理幼稚引起的。原因找到以后，办法也就有了。

金教授从实践中归纳出了"六字法"用以控制其注意力，又用以前曾经设想的造就理想人的三素质理论提升其幼稚的心理年龄。治疗的反馈结果显示，对于有的孩子效果很好，而对于有的孩子则效果不明显。

"为什么对于有的孩子效果不明显呢？"他苦苦思索着。"啊，原来是家长的原因！"在看到很多家长的行为之后，金教授恍然大悟。原来，他的治疗方案都是针对孩子的，而孩子刚开始是一张白纸，图案是由后天的环境，而且主要是由其父母画上去的。

孩子的问题往往反映了父母教育的问题，因此要根治孩子的问题，也必须同时对父母的错误教育模式进行干预。于是，一个旨在解决"怎样学习、怎样做人、怎样教育"的"青少年家庭心理干预系统"成型了。

2001年底，上海科技出版社出版发行了金教授撰写的《教子方略》一书，该书引起了很大的轰动，受到社会的广泛关注与好评，报纸、电视、广播对此做了上百次报道，该书先后重印三次。

时间进入2002年，金教授发现有些中小学生存在着"四太"问题：太爱动、太幼稚、太娇蛮、太自私。大一些的中学生及大学生存在着"四无"问题：一切无所谓，生活无榜样，学习无兴趣，人生无目标。这反映了我们的孩子在认知、心理及社会性方面的发育的滞后和偏离。

然而，家长在培育孩子、与孩子沟通方面也存在不少误区：首先，在教育方式上存在误区，可分为溺爱型、强制型、放任型、啰唆型等；其次，在沟通方式上存在误区，因言语暴力对孩子心理造成伤害的案例比比皆是。

金教授在长期的心理咨询、家庭心理整体干预的实践中，总结出了心灵种树体系，即在人的心灵种上三棵树：生命树、人文树、哲学树。其中，树是由树根、树干和树冠组成；树根代表事实，树干代表结论，树冠代表成果。这套理论体系首先要摆出事实，然后根据事实推导出结论，再把接受的结论应用到行动中，如此才会有丰硕的成果。

由生命、人文、哲学三棵树构建的心灵种树体系，回答了生命与生活、个人与社会、主观与客观这些人生最基本的问题。然而，在现实生活中，人们还有一些重要的问题需要回答，例如：怎样学习、怎样健康、怎样成功、怎样家教。

面对这些问题，金教授说："社会需求就是我的责任，它驱使我继续找出它们的正确答案。在寻找答案的过程中，一个理想、完整的人的三层七块的金字塔结构便构建完成了。金字塔的底层是打基础的生命、人文、哲学三棵树；中层是战略学习法、健康法、教子方略；顶层是成功法。要成为一个理想、全面的人，金字塔结构中的任何一部分都是不可缺少的。"

一个人如果缺乏对生命的正确认知，他的天平就会偏向于生活事件。一个来自新疆的家长告诉金教授，他的儿子马上要参加高考，已经有15天没有脱衣上床睡觉了。他儿子说今生今世在此一举，如果高考失败了，自己就要从地球上消失了。这位高中生把高考当作生命的唯一和全部，把生命只是当成实现高考成功的工具。

有人恋爱失败了，就痛不欲生；有人因为与别人发生口角，就耿耿于怀；有人碰到一点儿挫折，就吃不下，睡不着……所有这一切，都是由于在看待生命与生活关系的问题上轻重失衡，甚至本末倒置所致，而其根源都是在于对生命的无知或知之甚少。

人们都希望事遂人愿，心想事成，但为什么有人一直成功，有人却一直失败？这都跟哲学认知有关。成功者是因为主观符合客观，而失败者则是主观违背了客观。

人的哲学认知除了决定做事成败以外，还跟情绪密切相关。人为什么会愤怒、生气、郁闷？因为他在主观上对于眼前发生的事不理解、不接受。他在不知不觉间表达了这样一种哲学认知：世界应该按他的愿望行事，如果不是，他就想不通。

人的情绪常常跟怎样认识过去、现在、将来发生的事有关。有人生活在今天，对昨天做错的事耿耿于怀，对当前发生的事不理解、不接受，对明天可能会产生的不利后果无比担忧。那么，他今天还能快乐吗？如果明天重复着今天，明天还能快乐吗？

由生命、人文、哲学这三个核心认知构成的心灵种树体系，对人的精神世界的作用是如此重要，它不应该仅仅停留在理论层面，而应进入人们的精神世界。

有一段时间，媒体时常报道金教授青少年心理咨询中心心理治愈的良好效果。上海电视台有一档很有影响力的栏目——《纪录片编辑室》，在该栏目播放了金教授的专题后，电话、信件、不约自到的求诊者以及企事业单位的讲座约请像潮水般涌来。

随着心灵种树体系的大量实践，我们收到越来越多的反馈，其产生的良好效果令人欣慰。

有位初中生参加了心灵种树的系统培训后写道："这些教我们做人的内容比我从小学到初中学到的所有知识都要有用得多，世界上的人都应该听听这样的内容。"

一位患严重忧郁症的中年人写道："它对我的改变，用'脱胎换骨'四字形容，一点儿也不过分。"

上海市公务员培训班及一些企业集团的干部培训班中的很多人在听了金教授的"心灵种树"报告之后，表示内心受到了震撼。

一个担任校学生会主席的高考生，因为别人的一句"你太胖了"，就开始减肥，结果得了神经性厌食症，体重急剧下降。后来她月经停了，性格变了，在家休养了三个半月，连高考都放弃了。最后，她甚至不想活了，只想用一种没有痛苦的方式离开这个世界。当"心灵种树"进入她的精神世界后，她发生了根本性的变化，金教授给她种的生命树让她打消了自杀的念头。培训结束后，她在离开时说："我是带着绝望而来，怀着希望而去。"她重新走进学校，准备参加高考。刚开始，曾经跟她有过节的同学让她在教室里坐立不安，但人文树、哲学树的学习使她懂得如何容人、容事，使她能坐下来正常学习；健康法调整了她因减肥所致的极端虚弱的身体；战略学习法让她在学习上突飞猛进，在高考前5个月的模拟考试中，她的成绩还在100名文科考生中排倒数，到高考时，她的成绩已经跃至第四名，并考进了第一志愿的重点大学！

一位家长在带孩子参加心灵种树培训之后，亲笔写下了如下反馈："看着孩子一天天地好起来，我的眼前好像升起了一轮不落的太阳！"

金教授说，他始终记得这样一个故事。一个小男孩把因大雨而被冲在岸边奄奄一息的鱼一条条扔回河中，有人劝小男孩："那么多鱼你管得过来吗？况且谁在乎你这么做？"小男孩回答："鱼在乎。"

金教授说："关注儿童、青少年心理健康，是一个需要全社会努力的、长期的、艰巨的任务，不是我一个人的专职，但我在乎心灵种树对每个人的影响。当心灵种树中的理念在一个人的心灵上种活时，一片片好人土壤便会出现在中华大地上。只要生命不息，我将种树不止！"

本书的内容

近10年来，家长的群体发生了很大的变化，中国的第一批独生子女已进入而立之年、不惑之年，在组建家庭生儿育女后，他们也步入了爸爸妈妈的行列，承担起教育下一代的责任。这些曾经的"小皇帝""小公主"，在教养孩子的理念和方式方法上与上一代相比，有什么不同？

有调查表明，"80后""90后"的年轻父母，更重视对孩子的教育，对孩子舍得花钱、舍得投资，在孩子小的时候就让他们上各种早教班，在孩子上学之后更是让他们进各种补习班、才艺班。这批年轻的父母希望科学育儿，尽早开发孩子的智力。但是，面对社会的瞬息万变、激烈的竞争和挑战，他们也更加焦虑，压力也越来越大。很多父母无形中将这种焦虑和压力传递或者发泄在孩子身上，给孩子造成很多心理问题和学习问题。

我们在多年的亲子培训和心理咨询的实践中发现，很多父母只是越来越多地寻求教子技巧，殊不知，再多的技巧也只是停留在"术"的层面，而要想解决根本问题，则要深入"心"的深处。

在一次家长观摩课上，我们为孩子讲解"如何在心灵上种一棵生命树"，一位年轻妈妈边听边流泪。课程结束后，她拉着我的手说："陈老师，我今天本来只是陪孩子来上课，但听了您讲的内容，我发觉要来上课的不是孩子，而是我自己。"

金教授曾经和老师们对一些学校的学生做过一项调查。其中，上海某中学初一某班共32位学生对生命的认知情况为：有19位学生认为生命是无聊、无意义的，有12位学生想到了死。

"有一段时间，我连续几次考试都没考好，因此被妈妈接连骂了几次，有时她还会打我两下。当时我就想：生而为人算什么，考不好就要挨打挨骂，太没劲了，还不如死了算了。"

"在英语方面一向优秀的我，却在一次考试中只考了70分。回到家后，我满心希望能够得到安慰，可是妈妈面无表情，只是冷冷地说了一句'你好好想想'。我听后愣在那里，随后跑回自己的房间，躲在角落，边哭边想：连妈妈都这么说，我的生命还有意义吗？"

不知道孩子们的这些想法，有多少父母知道。

一个班30多位学生不同程度地对生命缺乏正确的认知，并由此对生命产生错误甚至危险的想法，不能不引起我们的重视和反思。

有些家长后悔地说道："对孩子的生命认知教育是多么重要和迫切！""其实我们这些为人父母者，对生命的正确认知又有多少呢？"

一位做生意的中年男子，带着他经常逃学、染上网瘾、整日惹是生非的儿子前来咨询，他的儿子上初三。这位父亲跟金教授说："我给您30万，请您好好教育我这个孩子，直到他考上高中、考上大学。钱不够，我会再给！"

金教授当时说了一句话："孩子的问题是家庭的问题。若家长不改变、不陪伴，只想孩子改变，是很难的。孩子的问题不是用钱就能解决的。"（这个案例我们将在第三章中详细解读）。

所以，金教授的心灵种树体系对孩子的教育，首先是要让孩子从小就明白"三个底线不能碰"，这三个底线分别是生命的底线、生活的底线和道德的底线，这是一切的根本。其次，心灵种树体系也适用于家长解决工作生活中的心理认知问题、亲子教育问题，如果家长能够先学习、领悟和改变，会对孩子有更好的帮助。

本书以真实的案例，对心灵种树体系用于家庭教育进行了详细的阐释，共五章，简介分别如下：

第一章：给孩子心灵种上一棵生命树，让孩子懂得珍惜、珍爱自己的生命，在任何时候都要守住生命的底线，以命为贵。

第二章：给孩子心灵种上一棵人文树，让孩子感恩父母、回报社会，懂得责任在身，与人为善。

第三章：给孩子心灵种上一棵哲学树，这是解决当今青少年"空心病"的一剂良药。

第四章：提高孩子学习成绩——学习树，这是每一位家长所关心的内容。"战略学习法"和"上课六字法"，将学生原来"被动、碎片、厌学"的低能、低效状态转变为"主动、系统、激情"的高能、高效状态，使学生在学习中达到事半功倍的效果。

第五章：良好有效的亲子沟通技巧——沟通树，使家长与孩子建立起深度联结。情商魔法训练营提高孩子的表达能力、与人沟通能力、团体合作能力、认识和处理自己情绪的能力等，这是让孩子适应社会、身心健康发展的真正的"素质教育"。

第六章：全书的总结。

本书的写作宗旨是不说教、不灌输，重在互动和参与，关键在于"心""爱"、体悟和运用。

本书对于正在抚养孩子的所有家长都适用，中小学校教师等教育工作者、心理咨询爱好者以及将为人父母者也可以从中获益。学会给心灵种树，不但有助于自身的发展，也可以促进创建健康和谐的家庭关系。

今天的青少年就是明天世界的主人，他们将承担世界发展的重任，他们需要有足够的能力和正确的方法来积极面对并创造性地解决生活中的疑难问题并迎接挑战，希望我们的孩子都能拥有健全的心理和健康的生活，拥有成功而高贵的人生。这是我们的期望和目标。

第一章

给孩子心灵种一棵生命树

让孩子牢牢记住"三个底线不能碰"。

生命的底线不能碰：人的生命是最幸运、最珍贵、最神圣的，不能自伤、不能伤人，任何时候都要以生命和健康为重。

生活的底线不能碰：该上学就上学，该写作业就写作业，该做家务就做家务，这是自己作为学生和家庭成员的职责。

道德的底线不能碰：违法乱纪的事不做，违反学校规定、社会规则的事不做。

在网络上流传着这样一个故事。

有一位父亲下班回家后听到 8 岁的孩子向自己哭诉，说他和同学打了一架但没有打赢，想让父亲帮忙报仇。

父亲问："你希望我怎么帮你呢？"

孩子说："爸爸，我要找块砖头，从背后砸他。"

父亲点点头："嗯，我看行，我一会儿就给你准备砖头。你还想怎么处理？"

"爸爸，我还需要一把刀，明天从背后去捅他。"孩子说。

父亲回答："这个更好，解气，爸爸现在就去给你准备刀。"

说完之后，这位父亲就上楼准备去了。孩子等了好久，父亲终于下来了，没想到他怀里抱着几床被子。

孩子很疑惑，不知道父亲为什么要带这些东西。

父亲说："如果明天我们用砖头砸他，那么我们需要在监狱里住上一个月；如果用刀子捅他，那么我们至少需要在监狱里住上 3 年，所以我们就要多带些衣服和被子，把一年四季需要的被子都带齐！怎么样，你做好决定了吗？"

虽无处考证这个故事的真伪和出处，但网友看到这个故事后都说这位父亲的处理方式令人叫绝。

有一次，我们在东北的一个城市讲课。课程结束后，一位年轻妈妈带着刚读四年级的儿子前来求助。"我儿子一直说要杀了他的班主任。"这位妈妈担忧、紧张且焦虑。原来，她的儿子因为课间跟另外一位同学在教室里打闹而被班主任罚了站。她儿子觉得委屈：为什么另外一个同

学没事，而自己要被罚站？于是他跟班主任嘟囔了几句。班主任大发雷霆，当着全班同学的面把他狠狠地说了一顿。课后，班主任跟这位妈妈打电话时怒气还未消，连带着也把这位妈妈说了几句。孩子爸爸知道了这件事，在儿子放学回家后打了他一顿。孩子妈妈说："儿子当天晚上从梦中惊醒好几回，浑身发抖，直嚷嚷着要杀了班主任。这都快两个月了，他一直这样，有时还说活着没意思，想死。真怕这孩子做出什么不好的事来。"

听了这位妈妈的诉说，我想起了本节开头的那个故事，在实际生活中，很多家长其实很难像那位父亲那样冷静睿智地处理问题。

现状："不想活"的孩子

在金教授的青少年心理咨询中心，家长们带孩子来咨询的原因之一是孩子经常说"活着没意思""死了算了"。

"你真的说过那样的话吗？"金教授问。

"是的，我就认为活着没意思，不想活了。"孩子答。

"什么事情使你觉得活着没意思呢？"金教授问。

"我功课做得慢，妈妈就打我。我很生气，这时候就会觉得活着没意思。"孩子答。

"还有吗？"金教授继续问。

"一次在上课时，明明不是我讲话，可老师偏说是我，我感到很委屈，就想干脆死掉算了。"孩子说。

"你只是这样想想吗？"金教授询问。

"有一次我拿刀片割破了手腕，流血的时候我觉得很痛，就害怕了，又不敢去死了。"孩子说。

小小的年纪，生命刚刚开始，受到一点点委屈、遇到一点点挫折就想自杀。类似这样令人震惊的对话在我们的青少年心理咨询中极其常见。

那么，现在的中学生对生命的认知情况是怎样的呢？实际情况令人震惊。

如序篇所述，金教授和老师们对一些学校的学生做了一项调查。其中，上海某中学初一某班共 32 位学生，他们对生命的认知情况大致可分为两种。

第一种情况，有 19 位学生认为生命是无聊的、无意义的、苦恼的。

小阮同学说："我感觉自己碌碌无为。我认为，生命就是读书、上班、养老，最后死亡。我每天总是做着同样的事情，起床、上学、写作业、看书、看电视、睡觉……这种乏味的生活早已让我厌倦，我很迷茫。"

小曹同学说："以前的我总是浪费生命，觉得生命微不足道。我总是依赖父母。做作业时，一有不明白的地方，我就请妈妈帮忙；每天早上都是妈妈帮我穿衣服，做早点，甚至连牙膏都要妈妈帮我挤好，水也要帮我倒好。"

小陈同学说："学校里的作业和校外的家庭作业已经把我每天的生活填得满满的，好不容易等到双休日，本想轻松一下，可是这两天又被课外补习班、补习班作业、学校作业、复习、预习、通用英语考试安排得满满当当。这些使我烦恼，让我对生命的意义产生了怀疑。"

认知决定行为。有怎样的生命认知就会有怎样对待生命的行为。这些认为生命无聊、无意义、苦恼的学生会有怎样的行为呢？老师们在调查中总结了以下三种情况。

一是怪自己不该出生。

小高同学说："做功课时，有的题目很难，我做不出来时，就会觉得自己好笨，会想妈妈为什么要把我生出来，如果不把我生下来，就不会有这样的问题了。"

小徐同学说："从前我总觉得生活没有乐趣，有的只是那无尽的挫折和失败，生活中的调味剂似乎只有成功，而成功则像枯树枝上的一两片树叶，少之又少。爸爸妈妈打我时，我会非常伤心，心想，我到世界上来干什么？只是为了学习吗？学习中的失败让我忍受无尽的痛苦，活在世界上根本没有什么意义，不能做自己想做的事情，似乎我现在做的都不是为了自己。我简直如仆人一般，被人呼之即来，挥之即去。"

二是混。

小陆同学说："我没有上进心，一直在学校混日子。平时看到那些关于有人因想不开而自杀的报道，我觉得不关我的事。"

三是想做动物。

在这 19 位学生中，有 12 位学生觉得自己是不幸的人，宁愿做鸟、狗、猪等动物。

小樊同学说："在五年级时，我就在想，为什么我得做个人呢？看看家里的小狗，无忧无虑，饿了就有东西吃，还有人陪它玩，多好！而自己作为人，又要考试，又要挨批，烦死了！"

小梅同学说："我以前一直抱怨为什么生活这么乏味、无聊，除了学习之外，我就没有其他事可做了吗？有时望望窗外，树梢上的鸟儿在歌唱，似乎在对我炫耀，瞧，它多么自由啊。每当这时，我就恨不得变成一只小鸟，想要自由自在地在天空中飞翔。"

小钱同学一次被家长痛骂后，觉得很委屈，就想成为家里的猫——有人喂东西吃，没有烦恼，没有思想，想怎样就怎样。

小杨同学说，有一次，他想要买个游戏机，就和妈妈说："妈妈，给我买个游戏机吧，很便宜的，我同学只用200多元就买到了。"可是他妈妈不答应，小杨同学和妈妈纠缠了一个月，妈妈仍然坚持不买，说是买了后会影响他学习。"我哭了，哭得十分伤心，当时我就想，我这样活着干吗？家里人都说我像个小皇帝，可皇帝哪有下命令没人执行的呀？我还不如投胎做头猪算了，每天能吃饱喝足就满足了，多舒适啊！"

第二种情况，全班竟有12位学生想到了死。

其中一位学生写出的内心想法是："每次一考不好就要挨打挨骂，太没劲了，还不如死了算了。"

另一位学生写道："我英语成绩一直很好，偶尔一次考砸了，不仅没得到妈妈的安慰，反而被冷漠对待。连妈妈都这样，我的生命还有意义吗？"

当看到孩子们亲笔写下的这些内心想法的时候，我们感到震惊的同时，心里也沉甸甸的。不知道孩子们的这些想法，有多少父母知道？又有多少父母在关注孩子学习成绩的同时，体察过孩子的内心感受？

还有一些人不敢相信孩子会有这样的想法，甚至觉得不应该把这样的问题"拿到台面上来讲"。然而，这却是不容忽视的事实。

一个班30多位学生都程度不同地对生命缺乏正确的认知，并由此对生命产生错误甚至危险的想法，参与调研的老师们疾呼："对学生的生命认知教育是多么的重要和迫切！"

 思考练习题

1. 很多孩子在生活或者学习中受到一点点委屈、遇到一点点挫折就想自杀。你知道你的孩子是怎么看待生命的吗？你与孩子交流过吗？

_____

_____

2. 如果你的孩子对生命缺乏正确的认知，你知道要怎么做吗？

_____

_____

被忽视的生命教育

《中国城市青少年健康危险行为调查报告》显示，很多城市的青少年有自杀意念、自杀计划和自杀未遂的行为，数据令人触目惊心。2018年，上海三所高中对学生展开调查，结果显示，被调查的高中生中曾有过不同程度自杀意念的学生数量占 33.75%。北京大学儿童青少年卫生研究所曾发布过一份《中学生自杀现象调查分析报告》，调查数据令人心颤：每 5 个中学生中就有 1 人曾有过自杀的想法。

比那些调查数据更让人痛心的是，近年来，全国各地青少年自杀和杀人的事件屡见不鲜，令人震惊。

究竟是什么原因让风华正茂的学生选择放弃生命或者冲动伤人？

有时候仅仅是一句批评，一句指责，一次考试失利。一朵朵青春的生命之花就这样调零，怎能不令人感到惋惜？他们的父母为之捶胸顿足，心中留下永久的伤痛。

湖南新化县的一名小学生，因为被老师在走廊罚站，跳楼身亡；湖南长沙市，13 岁的初中女生，因被老师和同学怀疑偷钱，跳楼自杀；江苏常熟市，一个年仅 15 岁的男孩，与父亲因一点儿小事发生争执，从自家阳台跳下，结束了自己的生命；上海卢浦大桥上，一个男孩突然从小轿车里冲出来，从桥上跳了下去，其母亲紧追其后，几乎碰到了孩子的腿，但没拉住，最后只能跪在地上崩溃地痛哭，场面让人心碎。

这些青少年受了一点点委屈、遇到一点点挫折，就轻易放弃了自己宝贵的生命。原因何在？又应如何干预和挽救？

在物质富足的时代，年轻一代的心理和精神状态已经发生很大改变。他们不再担心温饱问题，而是更加注重生命的获得感和意义感。中学生正处在身心快速发展时期，心理脆弱、敏感，如果经常遭受重大的精神打击和接连不断的挫折，会严重影响其身心健康。

中国城市独生子女人格发展课题组的调查研究显示：32.5% 的孩子害怕困难，34.2% 的孩子胆小屈从，20.4% 的孩子生活自理能力差，19.5% 的孩子认为自己经不起挫折。而这些孩子背后都有一对不允许他们失败的父母。无论家庭还是学校，都过多地将目光与精力投注在孩子们的分数上，疏忽对孩子的生命教育、心理教育、挫折教育。

在国外，生命教育和挫折教育是学校和家庭教育重要的一环，很多学校开设了专门的课程。

澳大利亚中小学普遍设有生命教育中心，帮助学生科学地了解生与死，从而让他们明白生命的意义，懂得珍惜自己的生命。澳大利亚政府经常通过各种媒体告诉公民，要教育孩子对生命负责，一个人的生命不但属于自己，也属于家庭，属于国家。

瑞典的生命教育向来以开明著称，在孩子很小的时候，老师就会让他们摸着孕妇的肚子，然后给他们讲人是怎么出生的，让孩子从小就懂得什么是生命。

英国很多学校非常重视挫折教育，一些顶级的中学会推出一些极富挑战性的数学试题，这种试题的难度是远远高于中学生的解题能力的。学校希望学生们能够从小摆脱完美主义的思想，了解失败是可以接受的。这些中学还会推出"失败周"，邀请一些成功人士与学生分享他们失败的经历，以及他们是如何在失败中吸取教训并获得成功的。另外，在家庭教育方面，英国家长也常常把"给孩子失败的机会"挂在嘴边。

美国的很多大学会对学生进行"失败教育"或者是"挫折教育"。史密斯学院开设了一门课叫"正确面对失败"，目的是帮助学生应对人生的常见挫折。每个上过"失败课"的学生，都会收到一张"失败许可证"，上面写着：现特许你在感情、友谊、考试、课外活动或其他任何与大学有关的选择上，有经历失败的权利……并仍旧被视为一个对社会有价值且优秀的人。

我们看到，一对对的夫妻在初为父母时，他们的愿望只是让孩子快乐、健康。但是随着孩子年龄的增长，家长对孩子的期盼也越来越多，似乎就是一个不断加码的过程。当孩子反抗的时候，他们会说"我们都是为了你好啊"或者"我们都是因为爱你才这么做的"。

有一个五年级的小学生这样描述自己的母亲："她要求我所有科目的考试成绩都得在95分以上，如果这一次考了98分，下一次考了95分，她就会教训我，让我自己查找原因。前些日子我生病了，我考多少分她都不在乎了。她带着我上医院，给我买好东西吃，买玩具玩，还许诺在我病好之后带我去动物园。我觉得这时候的妈妈是最好的妈妈。然而等我病好了，妈妈又是那个厉害妈妈了。"

有时候，不是孩子抗挫能力差，而是父母不允许孩子失败；父母越不允许孩子失败，孩子就越害怕失败；越害怕失败，心理承受能力就越差。不允许孩子失败就会时时刻刻给孩子传递这样的信息：失败是羞耻的，失败是不允许的。因为一次次不允许，渐渐地，孩子就会将"我不能失败，我应该成功"内化于心。最后孩子就会变成一个完美主义者，不断给自己施压。一个人长期处于压力之下、焦虑之中，会像一个充气的气球，很有可能会爆炸——可能会得抑郁症、焦虑症，甚至是放弃生命。患抑郁症还能治，但失去生命就无法挽回了。

良好的家庭环境对孩子的心理健康十分重要：父母阳光、豁达，孩子多半也开朗、热情；父母自私、敏感多疑，孩子也会模仿。

在现实生活中，很多父母以爱之名伤害孩子。而另外一些家长又在走向另一个极端。

网上曾经曝光了一张让许多网友震惊的照片。照片上，一个十几岁的男孩跷着腿，悠闲地坐着玩手机，就在他身边不到一米的地方，一位中年妇女双腿跪地说着什么。这位妇女不是别人，正是这个男孩的母亲。而这个男孩，不仅对母亲的举动无动于衷，还拍下照片发在朋友圈，配上文字"开心每一天"。

据了解，这位母亲做出这个举动，是恳求儿子不要辍学。儿子一意孤行，不想继续读书，她百般无奈之下，想出了下跪的办法。网友评论道："跪着的家长，教不出站着的孩子""娇养儿女如喂狼"……

我曾经看过一条让人匪夷所思的新闻，一个 12 岁的男孩，竟然还在一天三顿吃母乳，不给他吃他就在家大发脾气。究其原因，其实正是因为他的父母愿意被孩子依恋，不舍得退出孩子的生活，所以才导致自己的孩子不像"正常孩子"。

就像教育家马卡连柯说的："一切为了孩子，为了他牺牲一切，这是父母送给孩子最可怕的礼物。"父母误以为"他还是个孩子"这句话是用来保护孩子的，其实，过分的包庇，过分的保护欲，正在悄悄扼杀孩子的未来。

在这样的环境之下，孩子怎能健康成长？我们又怎能培养起内心强大、敬畏生命、自强自立的好苗子？

国家卫健委发布的最新数据显示：我国 17 岁以下的儿童青少年当中，约 3000 万人受到了各种情绪障碍和行为问题的困扰，并且儿童心理问题门诊人数每年以 10% 的速度递增。

调查显示，20% 左右的孩子有心理方面的问题，但是实际上得到合理诊疗的比例还不到 20%。

2019 年 12 月底，国家卫健委、中宣部、教育部等 12 部门联合印发《健康中国行动——儿童青少年心理健康行动方案（2019—2022 年）》。方案中提出：到 2022 年底，各级各类学校要建立心理服务平台，开展学生心理健康服务；配备专兼职心理健康工作人员的中小学校比例要达到 80% 以上；要求针对儿童青少年常见的心理行为问题与精神障碍，开展早期识别与干预研究，推广应用效果明确的心理干预技术和方法。

美国学者杰·唐纳·华特士在他的《生命教育：与孩子一同迎向人生挑战》一书中提到：一方面，生命教育可以帮助孩子做好准备，迎接人生的挑战，而不仅是训练他们求职或获取知识；另一方面，不只是学生时代，人的一生都在受教育，生命教育就是从生命中学习，这是一套受用终身的人生哲学。他认为，真正成功的生命教育是帮助学生理解生命的意义，珍惜生命，建立积极向上的人生观，并发展个人独一无二的生命特征。

近 30 年、10 万人次的咨询实践证明，金教授的"心灵种树"，不仅是一套行之有效的技术和方法，更是如华特士所说的让孩子"受用终身"的人生哲学。

思考练习题

1. 在物质富足的时代，年轻一代却往往心理脆弱、敏感。你知道为什么那么多风华正茂的学生选择放弃生命或者冲动伤人吗？

_____

_____

2. 一个人长期处于压力之下、焦虑之中，很有可能会"爆炸"——可能会得抑郁症、焦虑症，甚至放弃生命。你知道如何培养内心强大、敬畏生命、自强自立的孩子吗？

_____

_____

生命树内涵：构建生命观 活着活好

认知生命是如此重要。那么，怎样教育孩子认知生命呢？

答案是：**从小就在孩子的心灵上种一棵生命树，并不断浇灌它，让它牢牢地在孩子的心灵上生根、生长、长壮，最后开花结果。**当这棵生命树真正在孩子的心灵生根并长成参天大树后，这棵理念上的生命树不但可以让孩子放弃自贱、自毁生命的愚蠢举动，还可以支撑其肉体生命顽强地对抗内部病魔和外部的灾祸、磨难，让孩子最大限度地实现生命的价值。

在孩子心灵上种生命树，要先种根。根就是事实，种根就是要让孩子先知道生命是什么。只有事实扎根了，才能长出树干。树干就是结论，告诉孩子怎样对待生命。有了树根和树干之后，这棵生命树就种活了。

那么，生命树的树根，也就是生命的事实是什么呢？答案是三"最"：一是人的生命是最幸运的，二是人的生命是最珍贵的，三是人的生命是最神圣的。

既然人的生命如此幸运，如此珍贵，如此神圣，那么怎样珍惜生命呢？答案是三"活"：一是活着，二是活好，三是活长。

下面我们进行详细阐述。

宇宙万物中，没有什么比人的生命更幸运、更珍贵、更神圣

黄金很珍贵，但比不上人的生命，前者的价值可用有限的数字计量，后者的价值却是一个无限量的天文数字；宇宙中可用"神圣"二字的，除了人，别无他物。

活着真好，带着爱享受这一切

也许你没有钱、没有名，但你没成为宇宙中的无机物，而成为地球上的生命，是不是好的？你没成为地球上的低等生物，而成为进化程度最高的生物——人，是不是好的？在600亿次精卵结合竞争中，你成为唯一的成功者，是不是好的？既然活着真好，那就带着爱、欣赏、期待享受一切，既享受美，也从看似不美中发现意外的惊喜。

以命为本

生命与生活，谁为谁？我们可以采用"二问树"的方式来解答这个问题。

（一）问树叶："你长在树上为了什么？"

树叶答："我长在树上是为了大树。"

问自己："我所做的一切终究为了什么？"

答："我做的一切都是为了我生命的需要。"

（二）问："当一片树叶掉到地上，这棵树会怎么样？"

答："一片叶子掉了，还有别的叶子；即使所有的叶子都掉了，树还在。"

问自己："当我定的某一个目标没实现，会怎么样呢？"

答："一个目标没实现，还有别的目标；即使全部目标都没实现，生命还在。"

树叶为树，生活为生命。

生命是一条波动的曲线：首先要活着，然后去争取活好；一时没有活好，退回原点，耐心地活着；不要活得不耐烦，要去发现机会，争取活好……

生命不是为感觉而存在的。

"我"是一个独立的圆

生命是独立的。

植物的种子落地后，就完全与母体分离，独立地自行生长。

很多动物出生后，一落地就能站立行走，不久就要独立谋生。

人也是独立的。如把人比作一个圆，自脐带被剪断与母体分离后，"我"就成为一个独立的圆，父母是最贴近"我"的圆，"我"可独立思考，可独立行走，可独立做事。

让生命发光

人的生命体就像太阳，内部蕴含着巨大的能量。每一个人都有"可学 40 门外语、拿 12 个博士学位"的巨大潜能，如果一个人一生都没有意识到自己具有这些潜能，无疑是对资源的巨大浪费。

生命怎样发光？一定要找到自己喜欢的几件事，根据自己的天赋、兴趣和社会趋势选择最终要做哪件事。一生只做这件事，事成之后，财富、名誉便随之而来。

心灵上的生命树回答了人的根本问题：我是谁，从哪儿来，往哪儿去？生命与生活，谁为谁？

生命树的树根阐述生命中的"我"是什么；树干得出应怎样对待生命的结论；树冠归纳生命树的核心价值观：幸福诗意地活着，以命为本，实现生命价值，让生命发光。

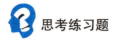思考练习题

1. 你知道怎样教育孩子认知生命吗？生命的事实是什么？

_____

_____

2. 在对孩子进行生命教育的时候，我们应当告诉他们人的生命是幸运的。那么，如何教育孩子珍惜生命呢？其具体内涵是什么？

_____

_____

怎样种生命树：体验感悟

2020 年 6 月 27 日上午，三个大人带着一个男孩走进金教授的心理咨询室。这个男孩上高一，休学已有一个多月，陪同他的三个大人是他的父母和姨母。

男孩说休学的原因是与同学相处不好，与父母无法沟通；但并没有发生大冲突。金教授再细问病史，得知两年来，他一直情绪低落，睡眠不好，有自弃的想法，有明显的抑郁症倾向。

四人坐在金教授面前，金教授问他们："你们当中，谁以前认为'我的生命是世界上最幸运的'，请举手。"只有那位姨母举手，孩子和父母都没有举手。金教授问姨母："你怎么会觉得自己是幸运的？"她说："好多年前，我宫外孕，来不及叫救护车，家人情急之下拦了一辆警车把我送到了医院进行手术，我才活了下来。我这才认识到人的生命是最幸运的。从此我的心情变了，与人的相处方式变了。我原来性格内向，不喜欢与人交往，很自卑，总是伤感抱怨。但从那以后，我认识到世上没有什么比生死更大的事，活着就是幸运的，要好好活着。于是，我就变成了一个乐观、活泼、外向的人！"

果然，我们发现这位姨母与旁边目光抑郁、面色焦虑的三人截然不同，她脸上带着微笑，声音温柔。

一次非常危险的抢救手术，让她认识了生命是什么，从此，她的价值观变了，她的世界变了，她的心情变了，她的容貌变了。这一切都是源于她从原来的"目中无命"变成了"目中有命"！

世上大多数人并没有机会去经历死亡的威胁，但平时我们可以给心灵种上一棵生命树。金教授开始对男孩和家长进行心灵种生命树的治疗，他们抑郁、焦虑的神色渐渐消失了，黯淡无光的眼睛重新焕发出光彩。第二天，男孩重新返回校园，并顺利参加了期末考试。

2020 年 7 月 1 日上午，男孩的妈妈单独来到心理咨询室。"……所以千教育万教育，让孩子认识生命是第一位的教育；千素质万素质，珍惜生命、热爱生命是最基本的素质。否则，我们含辛茹苦地把他养大，千方百计地教他学知识和技能，但他在生活中碰到一点点小事，就想自杀，那整个家庭所有的心血、金钱、期望都会化为泡影……"这位母亲哽咽着说出自己的感想。

当人们把生命树的第一句核心价值观"宇宙万物中，没有什么比人的生命更幸运、更珍贵、更神圣"深深地种在心灵深处，乐观、幸福、健康以及人之和谐，甚至成功，就会随之而来！

对孩子及时进行生命教育，在孩子心灵中种上一棵生命树，什么时候都不晚，关键在于行动！

那么，作为家长或者老师，怎么种生命树呢？具体方式有互动对话式、图文并茂式、活动体验式等。

互动对话式

以下摘录自金教授对一位有自杀念头的孩子进行干预时的谈话内

容，老师在讲课或者家长在与孩子沟通时，可以参考这样的互动对话的方式。

金教授让这位男孩在一张白纸上画了一棵树。

金教授："如果让你种一棵树，你会怎么做呢？"

男孩："嗯，种树当然是将树根埋进土里，让树根从大地中吸取养料，再适量浇水，那么这棵树就活了。"

金教授："你说得非常好！那你知道我们每个人的生命也像这棵树一样首先有树根吗？生命树的树根，就是说生命的事实是什么呢？"

男孩："这个，没人跟我说过。"

金教授："一个人花两元钱买了一张福利彩票，随机取号后，他中了一百万大奖，这说明什么？"

男孩："他运气好！"

金教授："对的，我们说他运气好，因为买彩票不像把钱存在银行得利息，并不是每个人都会中奖。茫茫宇宙中有亿万颗星球，但到目前为止，除了地球以外，还没有在其他星球上发现生命，这说明了什么呢？"

男孩："这说明生命不像石头那样随处可见。"

金教授："你说得很对！生命的存在需要极其严格的条件，需要水、空气、适宜的温度等。地球也像中奖的那张彩票一样，恰好具备了这些条件，所以生命才在这里出现。你没有成为火星上的一块石头，没有成为月球上的一粒沙子，而成为地球上的一个生命，这说明什么？"

男孩："嗯，这非常幸运。"

金教授："对！我们来到地球是第一个幸运。一位名人说过，生命是宇宙中一次不可替代的幸运。地球的年龄是 46 亿年，生命在地球上出现已有 38 亿年，而人的出现才 300 万年，从最初的生命到人的出现，经过了 37.97 亿年的漫长进化过程，生命进化路径依次为单细胞、多细胞、哺乳类、灵长类，最后才进化成人。据统计，现在地球上有 3000 万个生物种类，既有低级的菌类，也有中级的动植物，还有最高级的人类。你没有成为一棵草，没有成为一头猪，而是作为最高等级的人来到这个世界上，你觉得这又是什么呢？"

男孩："哇，这不又是一次幸运嘛！"

金教授："是的，成为人是第二个幸运。人是物质世界的最高产物，是生命进化的最高等级。你知道你是怎么产生的吗？"

男孩："妈妈说我是从垃圾桶里捡的……"

金教授："我们来说说你是怎么产生的。母亲一次产生一个卵子，而父亲一次则产生约 2 亿个精子，2 亿个精子中只有一个精子可以与一个卵子结合，其他精子则全部死亡。因此，在这一次精子与卵子结合的竞争中，产生你的机会是 2 亿分之一。母亲从 15 岁到 50 岁总共产生约 450 个卵子，去掉结婚前 10 年的，还有约 300 个卵子，你可能是第一个，也可能是第 N 个卵子与 2 亿个精子中的一个相结合的产物。那么在父母的整个婚姻期间，产生你的机会是 600 亿分之一。你一旦出生，其他 600 亿个可能成为你的兄弟姐妹的孩子就不能出生了。你以如此小的概率降生于世，难道不幸运吗？"

男孩："我简直太幸运了！"

金教授："是的，成为你自己是第三个幸运。此外，人的生命结构是所有生命种类中最高级、最复杂、最精巧的。"

男孩："所以我们的身体结构很复杂。"

金教授："是的！人是由 60 万亿个细胞所构成的一个极其复杂、

精密的生物体。人的每一个细胞就是一个化工厂，它由液态的双层脂质构成活动的细胞膜，细胞质里有线粒体、微粒体、高尔基体，细胞核里有 23 对染色体决定着细胞的分裂。这些细胞再组成消化、呼吸等一个个功能器官，这些功能器官再由神经、内分泌系统协调。而人体的所有细胞和功能最终由约 30 亿个碱基对组成的约 4 万个基因所支配、调控。"

男孩："那我们和大猩猩比呢？"

金教授："你这个问题问得好！在生物种类中，进化程度仅次于人类的大猩猩，它的基因 99% 是与人类相同的，但二者的功能有着巨大的差别。人与猩猩在 50 万年前都是一样生活在森林里的兄弟，但 50 万年以来，猩猩做了什么？它有没有开上一辆'猩汽车'？它有没有坐在'猩屋'里打'猩电脑'？"

男孩："哈哈，没有。"

金教授："50 万年以来，它有没有造出一件哪怕是最简单的工具？"

男孩："好像也没有。"

金教授："那么，它能做些什么？猩猩能做的最高级、最复杂的动作只有两个。一是折树枝，沾上口水，伸进洞里粘白蚂蚁吃；二是将水果与蔬菜砸碎混合起来，它认为这样味道可以变得好一些。"

男孩："对的，我在动物园里见到过大猩猩这样做。"

金教授："那么人做了什么？人造出了无数个人造物品，延伸了人的组织功能，改变了环境，满足并发展了人的需求。人跑不过马，但人发明了汽车、火车、飞机、火箭，把马远远地甩在了后面。人的裸视比不过鹰，但人发明了望远镜，比鹰看得更远，发明了显微镜，比鹰看得更细。所有这一切都取决于人比所有动物的大脑多了一个部分——大脑皮层。正是大脑皮层的创造功能，使人从一个被动地为环境所支配的动物发展为能主动支配环境的地球主人。"

男孩："人，好伟大呀！"

金教授："据科学家研究，现在的人类只使用了大脑 1% ～ 10% 的功能，如果所有的潜能都被开发的话，可以学会 40 门外语，获得 12 个博士学位，背一本厚厚的百科全书。你说厉不厉害？"

男孩："厉害，厉害！"

金教授："景德镇有一种很名贵的瓷，叫薄胎瓷，用它做成的花瓶，玲珑别透，瓶壁薄如纸张，极昂贵，但易碎。人的生命也像薄胎瓷，很容易受到伤害，呼吸道吸进一粒花生、吸进煤气都会丧命。"

男孩："人也是脆弱的……"

金教授："世界上很多东西的价值可以用金钱计算，但人的生命贵得难以用金钱来计算。如果一定要计算，那么可以设想一下，换一个肾脏要 20 万元，换肾后还要终生用昂贵的抗排异药维持生命。移植一点儿骨髓要 30 万元。这样把人的各部分组织的价格累加起来而形成一个人体器官的总价格，如果再加上潜能的价格，一定是个惊人的天文数字！这说明了什么？"

男孩："人是昂贵的。"

金教授："人是最有价值的，人的生命是宇宙中最珍贵的。人的生命同时是一个一去不复返的过程；人的新陈代谢每时每刻都在进行。人度过了少年期，就不再会回到少年。生命只有一次，它不像人睡着了还可醒过来，一个生命体一旦死亡后，就不能复生。你说是不是很珍贵？"

男孩："很珍贵！"

金教授："在地球的所有生物中，人是唯一具有羞耻心、有尊严的文明动物。动物是野蛮的，它不讲究这些，它赤身裸体地活动。人来自动物，但伴随着人类的进化，人离野蛮越来越远，文明水准越来越高。文明的发展使人具有了动物不具备的礼、义、廉、耻和对真、善、美的价值判断。这一切使人不仅仅是一个具有生理功能的生物体，还是一个具有尊严的神圣生物体。"

男孩："所以说，人的生命是最神圣的！"

金教授："你很棒！把我前面说的总结一下？"

"嗯，人的生命是最幸运、最珍贵、最神圣的。"

金教授："你总结得很好！那你现在的感受什么？说说看。"

男孩："我以前缺乏对生命的了解，不知道人的生命是宇宙中最幸运、最珍贵、最神圣的，所以老是想着不想活了、死呀什么的，还以为生命是可以随便处置的。"

金教授："那你以后会怎么做呢？"

男孩："我以后再也不说想死这样的话让妈妈担心了，要好好珍惜生命，因为人的生命是宇宙中最幸运、最珍贵、最神圣的！"

图文并茂式

如今，家长也意识到生命教育的重要性，有的在网上找资料教育孩子，有的买国外生命教育的书籍给孩子看，可这也产生了一些新问题。有一位妈妈在网上发帖说，一次，她带孩子去乡下，遇到出殡的队伍，孩子竟然兴奋地喊起来了："妈妈，他们是去结婚吗？"这位妈妈赶紧捂住孩子的嘴："你在说什么？"

"你看他们全身都是白色，那不是婚礼的颜色吗？你给我买的绘本里就是这么画的！"这件事让这位妈妈不得不开始思考一个问题：中国的孩子,只看国外的生命教育绘本,可以吗?

这位妈妈的反思很真实、很及时。是的,对孩子的生命教育还要结合中国的传统文化来进行。

在为孩子讲解生命树时,可以采用图片、视频的方式,关键要围绕主题内容来讲。金教授在为一些学校的中学生讲"三活"内容的时候,就制作了生动形象的PPT,并播放有关生命内容的视频,还让学生参与讨论。

以下讲解的内容,可供家长、老师参考。

生命的两个特征:一是不复返,即生命是一个一去不复返的过程;二是一次性,即一个生命体一旦死亡后,就不能复生。

珍惜生命,就要活着、活好、活长。

首先,要活着。

依据进化程度、生物特性及表面形状,我们可以把地球上的生物分为成千上万种。它们各有各的特性,如果要寻找它们的共同点,那就是——活着。

为什么有的生物要长尖嘴利牙?为什么有的生物有强劲有力的四肢?为什么有的生物的皮毛是大自然中植物的颜色?其实,无非是两个目的:一是为了觅食,二是为了自卫。而觅食和自卫都是为了活着。

除人以外的生物体,由于其生存完全被动地依存于周围的自然环境,同时还在时时刻刻受到天敌的威胁,所以,它们从出生到死亡的整个期间,所有的活动都指向一个目标:活着。

到过黄山的人见过长在岩石上的青松,树根从岩石的缝隙里钻出来,沿着岩石爬了好长一段距离后,钻入远处的泥土里。植物千方百计伸展自己的根系，是为了使自己活着。

印度格言说：羚羊每天醒来想的第一件事是如何比狮子跑得更快，以免成为狮子的早餐；狮子想的第一件事是如何跑过羚羊，以免被饿死。每天大阳升起来的时候，羚羊和狮子都在拼命地奔跑，它们是在为自己的生存而奔跑。

在火山口出生的一种小动物，要到达遥远的大海才能活下去，于是它们一出生就要为了活着进行悲壮的旅程：它们小心翼翼地刚爬出火山口，便立刻被天上飞翔的老鹰发现，老鹰俯冲下来，追逐着拼命奔跑的小动物，只听吱吱的惨叫，一只小动物已经成了老鹰的美餐；其他同伴继续赶路，在途中还会受到其他动物攻击，再牺牲一些同伴。经历千辛万苦，当它们终于到达海边时，蛇又在那里虎视眈眈地等着它们，结果又有一些同伴失去了生命。经过重重磨难之后，这些幸存的小动物才得以跃入大海，开始它们新的旅程。

早期，人类的生存条件十分严酷，人类不得不为了活着而像动物一样耗去一生的时间和精力。那时，活着就是人们的全部目的。因此，有必要提醒大家一个最基本的事实：生命的本能就是活着。如果我们静心聆听体内60万亿个细胞的心声，它们一致的呼声就是"活着"！任何时候我们都不要忽视它们的呼声！

其次，要活好。

随着人类文明的进步，人的生存条件日益得到改善，花在使自己活着上的时间越来越少。人类开始了新的追求：活好。

活好有两层含义。

第一层含义是实现人的生命价值。人活动的基本目的是活着，这是与其他生物的共同之处，但人与其他生物又有许多不同的地方。

现在，人们只要用很少的时间，就能得到维持自己生存所必需的生活资料，人们还有大量的时间可以从事其他的活动。不同类型的活动对自己活着有不同的影响，有的使自己活得更好，但有的使自己活得更差，甚至危及生命。人在从事这些活动时，目的就不是为了活着，而是为了活好，为了实现人的生命价值。

一台电视机是有价值的，它的价值体现在使用时间和其功能上。如果买了这台电视机却不用，人们会觉得可惜，因为它没有实现价值；如果它的使用寿命是 3 万小时，但只使用了 1 万小时就被丢弃了，人们也会觉得可惜，因为还有 2 万小时的价值没有实现。电视机的功能是播放电视节目，如果它只是被用来收听而不是观看节目，人们也会觉得可惜，因为没有实现电视的全部功能价值。

人也像电视机一样，价值体系也体现在使用时间和功能上。人的理论存活时间，无论从细胞分裂的次数看还是按照生长期的公式计算，都是 120 岁，如果只活了 50 岁，人们就会很悲痛，因为生命的时间价值没有实现。

人的功能价值主要是思维和创造，如果一个人整天只是吃喝玩乐，或整天忙碌，但无所思、无所创、无所为，那他只实现了动物的价值，而人的主要功能价值没有实现。只有当一个人既活到了他应该活的年龄，同时又有所发现，有所创造，有所贡献，他才算实现了生命的价值。

活好的第二层含义是，活好是一种自我感觉：活得充实、快乐、有意义。

活好对其他生命体来说，只是一种奢望。无神经系统的生命体没有活得好与不好的问题，因为它们没有感觉。有些动物虽然有神经系统，有感觉，但它的感觉中没有快乐，严酷的生存条件使它们只有恐惧和愤怒的感觉。

人在社会中生存，社会给人提供安全保障，使人不用像兔子一样吃草时要时刻抬头，警惕天敌的攻击。人类文明的进步又使人不用像动物一样把活着的所有时间都用在生存上。社会的安全保障和大量的闲暇时间，使人不仅能活着、活长，而且能活好。

每个人都具备活好的客观条件，但现实生活中真正活好的、真正内心充满快乐的人并不多。很多人的一生是空虚的、无聊的、烦恼的、担忧的。为什么人人都具备活好的条件和可能，但很多人没有把它变为现实呢？这取决于人们如何选择：人要不要活好，人究竟是应该空虚、无聊、烦恼、担忧地度过一生，还是应该充实、有意义、快乐地度过一生？

答案是显而易见的：人既然是如此幸运地降临在这个世界上，本身又是如此珍贵，那自然应该珍惜活在世界上的每一秒，使自己在这世界上的每一秒都活得充实、快乐。

那些一直被无聊、烦恼困扰的人，是因为没有树立正确的人生理念：人来到这个世界是为了快乐，不是为了烦恼。

有的人或许有这样的想法，但他们被挫折、委屈、失意占据了心灵，正确的理念被排挤出去了，于是没有了快乐，有了烦恼。因此，有没有正确的人生理念是能不能活好的主观前提。

但是有了这个前提，并不代表就能活好，也不代表快乐会自然而然地降临。快乐还要靠人自己去争取、去调节。坐牢自然无快乐可言，但也可以调节。埃及前总统萨达特用坐牢的时间来思考，结果想明白了外部成功与内部成功的关系，心中豁然开朗，他觉得在 54 号牢房的日子是他一生中最快乐的日子。

只有当一个人完全实现了生命的价值，他才能真正获得一种持久的、充实的、有意义的、快乐的内心感觉。只有如此，我们才能说：他真正活好了。

最后，要活长。

凡是生命都有一个生、长、熟、老、死的过程，这个过程的长短因不同的生命体而不同。

它的长短取决于基因控制的细胞分裂的周期和次数，有一个公式可以算出一个生命体的寿命：生命体寿命 = 生长期的 6 倍。如：马的生长期是 6 年，马的寿命就是 36 年；人的生长期是 20 年，人的寿命就是120 年。

但现在真正活到120岁的人极少。是什么原因使人活不到120岁呢？有四大原因：枪毙、自杀、意外、生病。因此，要活到120岁，就要避免这四点。

一是要避免被枪毙。这当然是极少数的情况，但被枪毙的人大多并不是有意要走上这一步的。人对法律的无知，对诱惑的失控，这些都可能将人推上断头台。所以人平时要学法守法，洁身自好，尊重理性秩序，建立起自身内部的红绿灯控制系统。

二是要避免自杀。自杀的重要原因是对生命的无知，因此要牢记生命宣言，认识生命的幸运及其珍贵性。

三是要避免意外。有些意外不是人的意志所能控制的，但有些是自己麻痹大意造成的，因此要谨慎小心。

四是要避免生病。这是造成活不到 120 岁的主要原因。人要从饮食、睡眠、运动、心理等诸多方面进行全面调节，始终保持身心健康，才能享尽天年。

活动体验式

心理学家认为，我们对问题的思考和产生的情感是同时发生的。我国教育家孔子说："知之不若行之，学至于行而止矣。"

我们在为学校的学生，或前来参加训练的孩子进行生命树教育时，会设计一些游戏，让孩子在参与体验中更深切地领悟生命的意义，也设计了一些活动，可以让家长自己带孩子体验。

这些活动的设计，是借鉴积极心理学团体活动的操作，在开放式参与中，让孩子探索生命的意义，明白生命存在的独特价值，懂得生命中最重要的人和事是什么，学会珍惜现在所拥有的东西。

活动一：珍惜生命

首先，由故事引入。我们会播放根据朱德庸的漫画《我从 11 楼跳下去》做成的 Flash。一个女孩从 11 楼跳下去，看到了每一层楼的人都有他们各自的困境，看完之后觉得自己其实过得还不错。在她跳下去之前，她以为自己是世上最倒霉的人，现在她才知道原来"家家有本难念的经"。

我们引导孩子们讨论：跳下去，多么简单的一个动作，虽然小女孩在看到每个人都有不为人知的困境之后醒悟了，但是自己再也没有重新选择的机会了。我们在为这个小女孩惋惜的同时，需要更多理性的思考。

然后，进行互动，我们会引导孩子们思考和讨论以下问题。

> 1. 我观看这个短片的感受是什么？
> 2. 我的存在有哪些意义？
> 3. 我可以为身边的哪些人带来怎样的快乐？
> 4. 我的存在将为社会带来什么意义？
> 5. 我希望我的人生在世上留下怎样的痕迹？

提示：家长在家里可以制作一张卡片，让孩子在卡片上写下这五个问题的答案，然后和孩子进行分享和讨论。

通过讨论和总结，让孩子在认知上改变对生命的态度，不要轻易放弃自己的生命；让孩子理解每个人的人生都是有意义的，让孩子学会用积极的心态面对人生。

活动二：人生之旅

首先，我们会和孩子一起阅读海伦·凯勒的《假如给我三天光明》。

接下来，在公园里，我们寻找自然环境比较好的地方作为活动地点，让孩子蒙上眼睛，家长用一根绳子牵引着孩子，在植物中漫步。我们引导孩子用心感受大自然中的声音、气味、风，带领孩子触摸不同的物体，树干、树叶、花草、石头、泥沙、流水甚至小动物；然后让孩子选出一种动物、植物或者物品，假装自己就是它，让想象力支配自己去体验万物的存在和感受。

最后，我们和孩子一起坐在草地上，谈论刚才的感觉。我们给孩子出一道题，"假如你的生命只剩下3个月了，你最希望做的事情有哪些"，并问"为什么最希望做这些事情"。

这个活动可以让孩子明白：最珍贵的东西往往是不需要用钱购买的，如空气、水等，或者是金钱买不到的，如亲情、友情等；我们应该珍惜那些平时被我们忽视的东西，如空气、水、亲情、友情，而淡化那些平时我们耿耿于怀的东西，如零食、电脑、电视……人生最为珍贵的东西是生命，我们要善待自己的生命，让人生更加精彩。

活动三：共读美文

有家长说："我们也希望孩子珍惜生命，有自己的人生规划，可是给孩子讲这些道理的时候，孩子根本不听，怎么办？"比如说，孩子总是爱玩手机，一玩就是半天，每次我们苦口婆心地教育孩子，告诉他们玩手机伤眼睛，会耽误学习，但孩子听不进去，甚至不在乎。

给孩子讲道理，是父母在教育孩子时常用的一种办法。教育家卢梭说过，世上最没用的三种教育方法就是讲道理、发脾气、刻意感动。对孩子进行生命教育，家长可以采取多种多样的形式，跟孩子一起去体验、探讨、领悟。

这样的活动，需要家长放下手机，有意识地帮孩子选一些跟生命教育有关的文章，陪着孩子一起阅读，也可以让孩子读给你听。

比如读法国作家西尔维·博西埃写的《人能摆脱时间吗？》。

有谁能摆脱时间呢？也许是那种拥有能够控制时间的机器的人，或者是那种能够去未来世界旅行然后再返回到现实世界的电影中的英雄……但是，实际生活中，会有这种人吗？摆脱时间也许是这么一回事儿：对一件事情的着迷使你暂时忘却周围的一切，比如当你玩电脑游戏的时候，当你看电视的时候，当你读书的时候……你都有可能被完全地吸引住，一时，你忘掉一切，摆脱了时间……

关于摆脱时间，对我自己来说，有一段永恒的记忆。那是发生在巴黎奥赛博物馆的一件出人意料的事情。当时我在展厅里溜达，漫不经心地环视着周围，突然，悬挂在墙上的一幅画锁住了我的眼球。画面上是一个背对着我的男孩，正在公园里玩沙子，背景呈赭石色和绿色，像是秋天的场景。我站在那里，凝视着画中的景色，就好像这幅画是特意为我画的。我一动不动地站在那里，全神贯注地注视着它，忘记了周围的一切。

绘画、雕塑、音乐等艺术作品是以一种客观存在的形式展现在我们面前的。如果用美学的眼光来审视它们，就会产生一种心灵撞击似的情感，令人暂时忘掉时间。这种情感能使人产生一种永恒的直觉。它不只是对前一次经历的重复，随着时间的延续和推移，它还是可以摆脱时间的一个出口或一扇门。但是，人类可以没有时间吗？那些关于"永恒"的概念，说到底，难道不是在否定时间吗？

在人类无法逃避但又遥不可及的彻底毁灭的那一刻到来之前，我们不能像被判了死刑的囚犯那样打发时间，而应像大富翁那样享受眼前的生活，我们应学会努力规划和设计我们的未来。

这是一篇具有科普性质的文章，写得生动形象，有很强的可读性和鉴赏性，内容也很吸引孩子。孩子朗读这样一篇文章的时候，对时间和生命的敬畏以及"努力规划未来"的理念，就会潜移默化地渗透进孩子的头脑里。

思考练习题

1. 你与孩子一起探讨过生命吗？你知道在对孩子进行生命树的播种时可以使用哪些方法吗？你试过哪种方法，效果如何？

_____

_____

2. 对于每个人来说，我们不但要活着，更要活好。你知道"活好"的具体含义是什么吗？你的孩子知道吗？你要通过什么方式告诉他？

_____

_____

案例："三个底线"不能碰

不论在金教授的青少年心理咨询中心，还是在我们对家长和孩子的培训课堂上，用心灵种树体系中的生命树进行心理干预，是提升对生命的认知和转变相应行为的有效方法。

"三个底线"不能碰

为在本章开头部分那个说想杀了班主任的男孩做咨询时，我们用生命树对他进行了心理干预，同时还要求家长回家后配合他一起做。这是最关键的，具体原因有以下四点。

一是可以让孩子的情绪得到充分释放。妈妈跟孩子进行了三次谈话，通过提问，引导孩子说出当时的心理感受，妈妈边聆听边问"你是不是很委屈""很气愤"等，让孩子哭出来并且拥抱他。这是父母完全认可和接纳孩子情绪的表现。

二是可以给孩子心理安慰。爸爸跟孩子坦诚地聊了一次，向孩子道歉，承认冲动之下打了孩子是不对的。

三是可以帮助孩子将负面想法清除。让孩子把所有负面的想法写在纸条上，然后把纸条撕成碎片扔进马桶，看着水把它们冲得无影无踪。

四是强化生命认知。父母与孩子一起读心灵种植的生命树的内涵，并在本子上写下三个承诺。

承诺一：不碰生命的底线，不能自伤、不能伤人，任何时候都要以生命和健康为重；

承诺二：遵守生活职责，该上学就上学、该写作业就写作业、该做家务就做家务，这是自己作为学生和家庭一员的职责，任何时候都要遵循；

承诺三：追求真理和客观事实，违法乱纪的事不做，违反学校、社会规定的事不做。

一个月后，男孩的妈妈打来电话，欣喜地讲述儿子的变化：儿子睡觉再也没有半夜惊醒，再也没说要杀人之类的话；愿意去学校上课了；回家能主动完成作业；跟爸爸的关系好了，还帮妈妈擦桌子和拖地；性格也开朗了，爱说话了；临近期末的几次考试成绩提高了，得到了老师的表扬……

学生的感悟和认知转变

前面提到，我们曾经对一所中学某班32位学生进行调查，结果显示，他们对生命的认知情况不容乐观。但幸运的是，这个班引进了金教授的心灵种树课程。我们在32位学生的心灵种上生命树后，发生了什么变化呢？请看下表统计结果。

表 1–1　上心灵种树课程前后学生情况对比

	生命树干预前人数	占全班（%）	听课后改变人数	改变（%）
生命是不幸的、倒霉的	12	38%	9	75%
生命是无聊的、苦恼的	19	59%	15	79%
想做动物	12	38%	12	100%
不想活	12	38%	12	100%

　　通过收听讲解、观看视频、互动对话、活动体验、参与讨论等形式，心灵种上的生命树让全班 30 多位学生对生命的认知和行为发生了不同程度的变化。

　　抱怨父母把自己生下来的小高同学说："通过生命树的课程，我知道我的存在是最幸运、最珍贵、最神圣的，我不再有那种想法了，我不会放弃生命了。"

那个抱着混日子态度的陆同学说："学习了生命树课程，我觉得生命是神圣的，容不得半点儿蹉跎。"认识到生命的神圣，对他的行为有何影响呢？他说："现在的我，开始抓紧时间学习，不再混日子了。"

那个认为"生活是无尽的挫折和失败"并责问自己"我来到世界上干什么"的徐同学反思："我来到这个世界上是不容易的，生命是波动的曲线，不可能一帆风顺，因此要善待自己，不要做错误的选择。"

因妈妈不给自己买游戏机就想投胎做猪的杨同学说："当我上了生命树的课程后，我的想法全变了。宇宙中有几亿颗行星，而我来到了地球；地球上有千千万万的生物，而我成了人。我是多么幸运啊！"他对生命的认知改变了，他的行为也改变了："以后，我再也不埋怨这个埋怨那个了。"

那个什么都要依赖妈妈的小曹同学完全变了一个人。他说："现在的我变了，真的变了。每天早上，父母只管做自己的好梦，我自己起床，自己准备好一切，然后带着早点出门。碰到难题，我也会自己先做，实在不行，再请教妈妈。另外，我放学也不用爸爸来接了。我独立了，因为我知道，人长大了总不能还靠父母吧，我们终究要靠自己！"

那个因考不好挨妈妈骂就想死的学生说："学习生命树课程以后，我对生命越来越珍惜了，要做到活着、活好、活长。"因英语考70分而受妈妈冷遇就想放弃生命的小秦同学，在学习了生命树课程之后，觉得这种想法"好傻，好幼稚"，她表示："一定会珍惜生命，不轻言放弃。"

亲爱的家长们，请怀着深深的爱，在孩子心灵种上一棵生命树，让孩子明白：人的生命是最幸运的、最珍贵的、最神圣的。请告诉孩子，生命的降临不是自然而然的事，而是一种幸运，人的生命至少有三次幸运：来到地球是第一次幸运，成为人是第二次幸运，成为你自己是第三次幸运。

　　让生命树的核心价值观融入孩子的血液里、植入骨髓里，伴随着孩子健康快乐地成长；让他们以命为本，幸福诗意地活着，去实现生命价值，让生命发光。

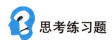 思考练习题

　　1.我们在强化孩子对生命的认知时，要让孩子理解生命树的内涵，并写下三个承诺。这三个承诺是什么？

_____

_____

　　2.关于生命，你为孩子设置过不能触碰的"底线"吗？如果设置过，具体内容是什么？执行的效果如何？如果没有，你以后打算如何强化孩子对生命的认知？

_____

_____

第二章
给孩子心灵种一棵人文树

帮助孩子构建人文观，这首先是增进个人幸福的基本途径。尊重人之为人的价值，把人身上的潜能充分挖掘出来，把人最宝贵的价值展现出来，让孩子在成长过程中更理性地看待社会，更从容地对待生活，充满求真的好奇心和创新的勇气，充满人性关怀和审美情趣，构建出完满的精神世界与道德世界。

"我们家全乱套了!"一位男子急匆匆地走进咨询中心,见到金教授就这样嚷嚷道。

根据男子的描述,我们了解到:要吃晚饭了,父亲让女儿收拾摊了一桌的杂七杂八的东西,女儿大声喊着不肯收拾;父亲发火了,随手扔了一本书结果砸伤了她的额角,女儿大哭起来;妈妈心疼女儿,大声埋怨丈夫;奶奶心疼儿子,责怪儿媳不该当着女儿的面让父亲丢脸;女儿为帮妈妈出气,喊得更厉害了,一家人乱成一团。

"都是因为孩子太不懂事了啊!"这位父亲叹道。

在我们的咨询案例中,有很多家庭因为孩子的"不懂事"而使家庭气氛紧张,家长焦虑不安,担忧不已。

那么,孩子的"不懂事"有哪些表现?背后的原因是什么?该如何解决?

现状："不懂事"的孩子

在一次家长培训课上，我们播放了一个短视频，内容是一个外国的小孩和妈妈的对话。

妈妈告诉女儿："妈妈今天真的很饿，我不想让你伤心，但是我吃光了你的糖果。"

这个3岁的小女孩眨巴着眼睛，沉默了好几秒钟，最终笑着说："妈妈，那真的让我有点儿伤心。"

"你会怪妈妈吗？"妈妈问。

"不会。"虽然小女孩这么回答，但接着，她抹着眼泪说，"只是有点儿伤心而已。"

妈妈内疚地说："很抱歉让你伤心，可我那时候真的很饿。"

女孩关心地对妈妈说："你应该吃，但吃多了糖果不好哦，你应该喝点儿水。"她还自我开导，"到下次万圣节，我就不会伤心了，到时候我们可以一起分享糖果哦。"

刚看完这段视频，在座的家长尤其是妈妈们惊呼："天啊，这小孩太懂事了！"

接着妈妈们开始数落自己孩子不懂事的种种表现。

表现一：自私

"那天，我给儿子买了一把香蕉，有五六根吧，看着儿子津津有味地吃着，我也掰了一根，没想到刚咬一口，孩子就一把从我手里夺了过去，还躺在地上号啕大哭，一边哭一边说'这是我喜欢吃的香蕉，你怎么可以吃，把它从嘴里吐出来'。我只好把吃的那一口香蕉吐出来，当时眼泪就掉下来了……"这位妈妈跟我们讲到这里，眼里仍然含着泪花，"现在的孩子怎么这么自私！"

同样，还有一位五年级孩子的妈妈有一次煮了 18 只虾，孩子那天一连吃了 17 只。妈妈为尝尝味道吃了一只，不料孩子责怪妈妈："你明知道我最喜欢吃虾，为啥还吃掉一只？"妈妈气得当时就掉下了眼泪。"我的孩子怎么这么自私、不懂事！"这也是很多家长到金教授这里来咨询时常常抱怨的一句话。

表现二：生活不能自理

有一个学习成绩很好的孩子，由妈妈陪着来做咨询。原来，他在上幼儿园时，每次大便后都是由保姆帮他擦屁股的，现在上小学了，他还没学会自己做这件事，每当他固定排便的时间快到时，保姆就从家里赶到学校给他擦屁股。有时他进厕所排完便，保姆还没到，他就只好一直等着，直到保姆来帮他擦屁股。

还有一个学生，各方面都很优秀，只是从小到大都是母亲在照顾他，连鞋带都是母亲帮他系。现在他已是初二的大男孩了，每次穿鞋竟然还要妈妈帮着系鞋带。

一个考上名牌大学的 19 岁男孩来咨询的原因是：吃西瓜的时候，要妈妈把西瓜籽一粒粒去掉他才会吃；他也不会吃鱼，从来都是别人帮他把鱼刺弄掉他才会吃；每次理发都要妈妈陪着，因为他怕店里多收他钱，而他又不会与人论理。

表现三：脾气暴躁、对父母大喊大叫、不会关心人

一个重点高中一年级学生的母亲来做心理咨询时，十分感叹地说："我的孩子不知道怎么了，我们为他掏心掏肺，但他对我们一点儿也不在乎。他的心就像是针插不进、水泼不进的'独立王国'，我们也没法与他交流。表扬他，他说这都是虚心假意；批评他，说轻了，他一笑了之，说重了，他则大喊大叫。"

一位母亲总结了她的孩子从小学到高三的情感变化过程："我的孩子从小到大的情感似乎是按照温顺—叛逆—暴躁的过程在发展。小学时，我生病，他还会来问'妈，病好了吗'，还会给我倒杯水；到了初中，他就比较叛逆；从高二开始，脾气就急躁起来；到了高三，不是急躁，而是暴躁，我有时好心好意说他，他两眼一瞪，'你废话说完了没有'；最近一次，我看他桌上堆满了英语、语文等材料，就好心帮他按科目分类整理好后放入纸袋，他回来后愤怒极了，质问我为什么动他的东西，接着把纸袋里的材料全倒在地上，然后又撕得粉碎……"

一位高三学生的父亲在我们的咨询室里连声叹息："我女儿是独生女，从小我们就把她当成宝贝，因此使她养成了娇小姐脾气，一句重话

也说不得。上学以后，她成绩还不错，考上了本市一所重点学校。然而她在暑假里迷上了网络游戏。在开学的前一天，她妈妈说要上学了，希望她控制一下上网的时间，否则就把电脑从她房间里搬出来。这一句话可不得了，女儿大发脾气，大吵大闹。开学第一天，她就赌气拒绝上学。我和她妈妈又急又气却没办法……"

这其中涉及父母与孩子沟通的方式问题，我们将这部分内容放在本书第五章专门阐述。本章先讲讲孩子的"不懂事"。

对于孩子的"不懂事"，有些家长经常挂在嘴边。比如，家长带孩子去参观博物馆，孩子肆意喧哗、跑跑跳跳、横冲直撞，有人提醒孩子要保持安静，家长却说"孩子还小，不懂事"；小孩在地铁里吃糖果和花生，将糖纸和花生壳扔了一地，有人提醒孩子要保持车厢干净，家长却说"孩子还小，不懂事"。

两年前，新闻上报道了这样一件事。一个在火锅店奔跑打闹的孩子看上了一个小姐姐的手机，想拿去玩，被拒绝之后他跑去跟妈妈告状。这位妈妈说："你好好跟姐姐说，让她借你玩一会儿。"再次索要遭到女孩拒绝后，这孩子趁着大家不注意，端起滚烫的汤锅向女孩浇去，造成女孩脸部严重烫伤……而事情发生之前，这个孩子曾往女孩的锅底里吐口水，他妈妈只说了一句："小孩子嘛，不懂事，让一让就好了……"

这些家长认为孩子本来就处于学习社会礼仪和生活常识的阶段，不懂事情有可原，以至于对这些不懂事的孩子放任自流，让他们由着性子来。家长可能以为孩子到了某个年龄，自然而然就懂事了，就会做好了。

如果孩子到了 15 岁还不懂事，那就等到 25 岁；如果 25 岁还不懂事，那就等到 35 岁……去年有一则报道，安徽阜阳有一男子将酒瓶从 23 楼扔下，引起众怒，男子的父亲却说"孩子还小，不懂事"，民警调查后发现，这名男子已经 40 岁了……

教育家洛克说："做父母的无不爱护自己的子女，但是那种自然的爱一旦离开了理智的严密监视，就极容易流于溺爱。"

当前，有不少中国家庭如本章开头呈现的那种情形一样患上了"四二一综合征"，即爷爷、奶奶、外公、外婆四个老人，加上爸爸、妈妈两人，围着一个孩子转。无论孩子是上学还是去医院看病，陪伴孩子的不仅有他的父母，还常常有他的爷爷奶奶、外公外婆。他们对孩子是捧在手里怕掉了，含在嘴里怕化了。溺爱让众多孩子长不大。很多十多岁的孩子要母亲抱着才能入睡，母亲坐在身边才能安心做功课。至于时时缠着家长"作天作地""发嗲"的孩子，则更多。溺爱有时像一团浓浓的雾，遮住了是非对错，盲目的亲情像急浪冲击着理智的堤坝。

卢梭说："你们知道造成儿童不幸的最可靠的方法是什么吗？那就是他要什么，便给他什么。"

美国卡罗兰早期儿童教育委员会主席罗猷说："要什么给什么的家教妨碍孩子人格、意志和能力的培养，也堵塞了孩子与外界、与他人的沟通，这种环境教育出来的孩子缺少梦想，也缺少责任感。"

在我们的咨询和课堂培训的过程中，我们了解到，不少儿童不知道父母病了怎么办；当问及知不知道父母辛苦工作是为了让孩子生活得更好时，有孩子回答"谁叫他们生了我"。接连的问题使家长们醒悟，现在的孩子被照顾惯了，被宠惯了，他们不知道"回报"，不明白要照顾父母、照顾别人。把"被关心"和"被爱"都当成理所当然的孩子，很容易养成自私、冷漠的习性。

而事实是，孩子身上表现出来的这些自私、冷漠、不懂得感恩、不会关心人等所有的"不懂事"的背后，是家庭、学校对人文教育的淡化。

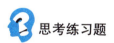 思考练习题

1.很多家长为孩子的"不懂事"头疼，他们自私、幼稚、生活不能自理、脾气暴躁等。你的家里也有这样"不懂事"的孩子吗？他们具体的表现有哪些？

_____

_____

2. 你觉得是什么原因造成了孩子的"不懂事"？

_____

_____

被淡化的人文教育

2017年9月，开学之际，上海一位退休老教授写了一篇《牛娃之殇》，讲述自己一家五位家长为了让外孙进入上海市四所优质小学中的一所，从幼儿园开始就拼命地对外孙进行"填鸭式教育"，最后导致孩子患上抽动症的故事。当时，这篇文章震动全网，有网友说这是"对教育产业化的一种血泪控诉"，还有人说这是大胆炮轰"幼升小牛蛙战争"，字字扎心。

但仔细读了全文之后，我们觉得该"炮轰"的应该是家长。从3岁到6岁，孩子被家长带着上各种各样的培训班，他的大脑被各种跨年龄层的知识填满了；此外，家长还对孩子的每一天、每一周、每个月都进行考核，"用高计量、高添加的饲料催着他长大"。他们受了这么多苦，讲了这么多理，牺牲了一个儿童最珍贵的3年，应该能得到该有的回报吧？然而，很不幸，当孩子参加最有希望上的学校的最后一轮面试时，竟然出现不自主地挤眉弄眼、耸肩等症状。学校说这是幼儿抽动症，医生说这是由于长期压力导致的疾病。其实，这明显是孩子在强压之下出现的心理问题，可是家长的表现却是"虽然都揪心孩子的健康，但更伤心失去了进入名校的机会"。

这位"牛蛙"外公写道："最令人崩溃的是，邻居家的孩子几乎是和我们一起开始'牛蛙战争'的，他们家的孩子顺利进入了'四大家族'小学中的一所。我们家孩子一直都比他们家孩子优秀，这次反倒让他们压了一头，受到了嘲讽与鄙视，这口气让我们咽不下去。"

都到这个时候了，家长不是关心孩子的心理状况，竟还在跟邻居的攀比中气得"崩溃"。后来家长们决定让孩子出国上小学，这位外公才想起来问孩子的意见，外公问孩子："去国外你怕吗？"孩子说："怕。""为什么怕？""我怕别人笑我这样动来动去。"他觉得抽动症是很令人讨厌的。外公接着问他："有人笑话过你吗？"孩子点点头。

可想而知，孩子因为抽动症而被人嘲笑，这对他的自尊心、自信心该是多大的打击，可是这位外公写道："我也知道，但别人笑他主要还是在笑我们没能把他送进好学校。"

家长们，把孩子"送进好学校"真的比孩子的心理健康更重要吗？

最令人心疼孩子的是外公写的下面这段话。

有一天早上，外孙说他肚子痛，他妈妈知道这是他不想去培训班装病，便说："那我带你去医院打针吧。"外孙立马说不疼了，快去上课吧。到了培训班，他妈妈走了，他跟老师说肚子痛，并加了一句："老师，别给我妈妈打电话，给我外公打。"

那天我带他在外面溜达了一圈，吃了冰棒，之后带他回到班里。临走时，他拉着我问："外公，我什么时候才能玩啊？"

我说："等你长到像外公这么大的时候。"

他想了想，似乎有了盼头，又问："那到时候你就能陪我玩了？"

我笑了笑："那时候外公就不在了。"

"那我一个人玩还有什么意思？"我没想到他会说这么一句，竟一时语塞，无言以对。

就这样，我们剥夺了外孙几乎所有本该拥有的无忧无虑的快乐时光。女儿则不间断地在关注上海四大名校招生政策的变化。

有网友评论道："心理研究表明，童年的安全感、对美好事物的向往，是一个人一生幸福的基础。而这位外公及其家人，一边希望孩子在起跑线上跑得比超人还快，一边不断摧毁孩子内心的安全感，摧毁孩子对美好和快乐的期待，他们究竟是在给孩子铺路，还是在给孩子挖坑？时间会证明一切。"

爱玩是孩子的天性，而这个家庭的家庭教育，不关心孩子的心理健康，不关注孩子的心智发展，不知孩子要在什么样的心境下长大。

我们在对前来求助的儿童、青少年做心理咨询时发现，每一个有问题的孩子，或者孩子身上的每一个问题，仔细分析起来都跟父母有关，跟家庭教育有关。

"孩子的问题怎么出在我的身上呢？为了孩子，我付出了自己全部的时间、精力和财力……"

"为了孩子，我放弃自己的事业、爱好；为了孩子，我调动工作岗位，甚至不惜辞职。"

"这孩子从小就难带，从幼儿园起老师就经常告状。上小学以后，孩子上课手玩橡皮，眼捉飞虫，常被老师罚站。回家做作业更是一件让我们头痛的事，正常一个小时能完成的作业他要三个小时才能完成，成绩常常亮红灯。我们什么话都跟他讲过了，什么方法也都用过了，骂、打、用药、请家教，但孩子一点儿改变都没有。"

"这孩子出生时有点儿缺氧，从小体弱多病，三天两头往医院跑，后来又得了厌食症。学习不好，应该是体格上的问题，肯定不是父母的问题。"

"这孩子体内是不是缺少什么元素？生理上有什么问题……"

"孩子的问题是孩子的原因造成的，是他不听话，或者是他生理上的原因造成的。"

"我们做父母的，为了孩子的成长，已经竭尽所能了，怎么还说问题出在父母身上？"

金教授在青少年心理咨询中心接待了很多父母，他们一坐下，就会滔滔不绝地数落孩子的不是，不少家长还会追根溯源，试图从孩子的体格和生理上寻找原因，甚至怀疑孩子的脑子是不是有问题。总之，有些家长对自己孩子存在的种种问题，除了把原因归结于孩子外，还把原因推给社会和学校。

正如著名教育家洛克在《教育漫话》中说的那样，**现在许多家长管教孩子容易走极端：在子女小的时候，对其放纵，跟他们不分彼此；等子女长大后，又对他们正颜厉色，与其保持距离。**事实上，自由和放纵对孩子都没有什么好处，孩子还缺乏判断能力，因此需要有人对他们进行约束和管教。

也有些家长会反省，到底是哪里出了问题：是对孩子的高期待，给了孩子压力？是对孩子大包大揽，让他依赖性太强？还是对孩子太严厉，导致他自卑、胆怯？

其实究其根源，孩子的问题在于家庭教育忽视了最根本的东西，那就是对孩子的人文教育。

什么是人文教育？

人文教育的根本是人的心智解放和成长，美国威斯理安大学校长迈克尔·罗斯在《大学之外：人文教育为什么重要》一书里强调，人文教育是"最高使命的教育——即为人的一生塑造完整人格"。

著名教育家杜威在《人文教育》一书中说，人文教育是"每个人都应该接受的教育：这是一种能够释放每个人能力的教育，使他能够幸福，也对社会有用"。

人文教育帮助孩子提高思考、判断的能力以及与他人沟通、协作的能力，了解人的价值与自身弱点以及尊严意识、感恩意识、社会责任感和公民素质等内容。

正如英国哲学家尼古拉斯·麦克斯韦在书中所述："帮助学生探究并认识人类世界的丰富性、生存意义和人生价值。"

中国教育学者鲍鹏山说，人文教育其实就是要告诉你一个价值观，启发你自己的信仰。有了这样的价值观和信仰以后，逐渐提升你的判断力。当这个世界发生事情的时候，你就能够独立地判断是非，而不是人云亦云，或是哗众取宠。他说："人文教育的目标在于让我们获得一种信念，让我们具备一种分清是非善恶和美丑的判断力。"

2016年，教育部印发《中国学生发展核心素养》，首次正式提出将人文底蕴作为学生的发展目标。人文教育日益成为教育界仁人志士的共识，人文教育的回归已经成为时代的需要。

著名作家冯骥才在2018年12月《中国教育报》上的一篇文章里写道："从小学、中学直到大学，一个人所要完成的不只是知识性的系统的学业，更重要的是拥有健全而有益于社会的必备素质——这个素质的核心是精神，即人文精神。具体到个人，它表现在追求、信念、道德、气质和修养等各个方面。自觉而良好的人文精神的教育，可以促使一个人心清目远、富于责任、心灵充实、情感丰富而健康。"

原北大生命科学学院院长、首都医科大学校长饶毅曾在 2020 未来教育论坛上发表讲话，他认为"一个人的人文基础是自身家庭环境和中小学教育决定的"，充分强调了人文教育应该从家庭教育开始打好坚实的基础。

而当今的现状是，很多年轻的"80 后""90 后"家长，自己所接受的人文教育就很少，所以，树立人文教育的理念，在孩子的心灵上种一棵人文树就显得更为重要。首先，帮助孩子构建人文观是增进个人幸福的基本途径，尊重人之为人的价值，把人身上的潜能充分挖掘出来，把人最宝贵的价值展现出来；其次，可以让孩子在成长过程中更理性地看待社会，更从容地对待生活，充满求真的好奇和创新的勇气，充满人性关怀和审美情趣，从而构建出完满的精神世界与道德世界。

 思考练习题

1. 你有没有让你的孩子也加入"牛蛙战争"，对他们进行"填鸭式教育"？

_____

_____

2. 当孩子出现心理问题时，你反省过问题产生的原因吗？你知道根源是什么吗？

_____

_____

3. 你理解人文教育的内涵吗？你对孩子进行过人文教育吗？

_____

_____

人文树内涵：构建人文观 责任在身

心灵种树体系中的人文树，回答人的第二个根本问题：我与社会的关系是怎样的？

我们提出这个问题是因为，人不是独居动物，总是要在社会中生活的，因此一个人总要与他人、与社会发生联系。

那么，人应该怎样对待他人与社会，并以什么样的伦理道德的准则来支配自己的行为呢？这是任何宗教、任何社会学理论都涉及的问题，也是必须搞清楚的问题，包括个体与他人、与群体、与社会的关系。

我们要回答这个问题，就要弄清楚个人与社会是什么关系。

在自然界，群居动物与独居动物不同，它们都有个体与集体的关系问题，即个体既要考虑自己的生存和利益问题，又要维护群体的生存和利益的关系，因为只有如此，群居的动物才能在弱肉强食的大自然中生存下去。

比如，群居的大雁在飞行途中要排成"一"字，这是为什么呢？原来"一"字形有利于大雁整个集体的长途跋涉。在"一"字队伍的最前面，领头的大雁要比后面的伙伴多承受 15% 的空气阻力，这就意味着领头雁要多消耗体力来使其他大雁节省体力。飞行了一段时间后，后面的大雁又会与领头雁调换位置。如此，每个大雁都为集体做出了贡献，同时它们又都享受到了集体所给予的好处。

一位探险者曾在非洲草原上看见群居动物舍己为群体的悲壮一幕。一群鹿在草原上行走，突然，几只潜伏的狮子从后面蹿上来，群鹿立刻奔跑起来。草原上出现了你追我逃的激烈场面：群鹿在前面拼命跑，狮子在后面拼命追。狮子与鹿群的距离越来越近，眼看跑在最后的一只幼年小鹿就要成为狮子口中的美餐，就在这千钧一发之际，鹿群中突然跑出一只老鹿。老鹿倒在狮子前面，狮子见有猎物自己送到嘴边，自然不肯放过，于是放弃了对鹿群的追赶，争先恐后地围着老鹿撕咬起来。就这样，一只老鹿以自己的生命换来了鹿群特别是小鹿的生存机会。

大雁飞行中头雁领飞和老鹿舍己救群体的行为，不是思想教育的结果，而是群居动物在漫长的进化过程中以及严酷的自然环境下形成的生存法则。群居的动物往往是弱者，它们的体格没有老虎强壮，牙齿没有老虎尖利，它们要想生存下去，就要结成群体。而要维持这个群体，自私自利是不行的，就要有人为大家付出。于是就有了上述头雁与老鹿的行为。

人类显然是群居动物。在人类的早期，猿人与别的群居动物没有什么两样。猿人为了抵御别的更凶猛动物的伤害而结成群体，于是个体与群体之间也有了与其他群体动物一样的行为准则。随着人类的进化及文明的发展，人类不仅没有取消群体，反而使群体发展到了一种更高级的形式，并赋予这种群居形式一个专有名词：社会。到了社会阶段，每个人类个体不仅从下到上、从里到外都打着社会的烙印，而且一刻也离不开社会：只有在社会中，人才成为人；只有在社会中，人才能像人那样生活。

20世纪20年代，在印度原始森林的边上，人们发现了一个狼孩，就把他寄养在卡马那孤儿院，还请了一位老师专门对他进行教育，结果这个狼孩在 17 岁时就死了。在他死前，有专家给他做了智力测试，结果显示狼孩的智商只有 3 岁孩子的水平。这个事实说明：人要成为人，要像人那样说话、思考，是不能离开人类社会的。狼孩在他智力发育的关键时期离开了人类社会，所遭受的智力损失是不可弥补的。

有部美国电影叫《海滩》，由丹尼·鲍尔执导，莱昂纳多·迪卡普里奥主演，讲的是一群厌倦了人类社会嘈杂混乱生活的人找到了某个与世隔绝、风景秀丽的海滩，过起了群居生活。刚开始，他们庆幸自己来到了这个世外桃源般的人间天堂，但没多久，问题便接踵而至。一天，他们下海去抓鱼充饥，不幸遇上了鲨鱼，结果，有一个人被鲨鱼咬死，还有一个人被咬成重伤。其他人含泪掩埋了死者，将伤者抬回住地。由于没有医生，也没有药品，伤者在住处痛得日夜叫喊，吵得大家不能入睡。大家只好把他抬到野外临时搭的一个帐篷里，让他自生自灭。最后，他被一个不忍心看他遭受伤痛折磨的同伴闷死了。大家在海滩上生活了一段时间后，带来的生活用品渐渐用完，当一个同伴要回到社会去办事时，大家纷纷拜托他：这个托他带香皂，那个托他带卫生巾。最后，这群在海滩上生活的人都坚持不下去了，纷纷回到了人类社会。

这个电影告诉我们：人要像人那样生活，是一刻也不能离开社会的。因此，对"我与社会的关系是怎样的"这个问题的回答如下。

第一，人所需的，除了阳光和空气是自然产物外，没有一样不是社会产物。

动物有独居和群居两种生活方式：独居者不需同伴，用自己的利爪就能捕获猎物，这就形成了自私、凶残的生存哲学；群居者需要群体合作才能生存，由此形成了团结互助的生存哲学。人作为群居的社会性动物，如一味自私，顾己不顾人，就犯了大错：把自己归到独居动物去了。

人所需的生活资料离不开社会。群居的猴子吃的果子是自然产物，不是别的猴子种的，而人所需的生活资料，除了阳光、空气之外，没有一样不是社会产物。

人要成为人离不开社会。人的思考、计算的特性，只有在关键时期处在人类社会中才能形成。

第二，回报社会，天经地义。

孩子欠了父母三笔债：经济债、情感债、成人债。一个人孤身处于荒野，所缺乏的安全、吃、穿、住，正是社会提供的。因此，个人欠了社会永远还不清的"债"。

爱因斯坦说："我每天几百次地想到，我所用的都是来自活着的和死去的人。因此，我用自己的时间、体力、智慧、财物回报他人和社会是天经地义的。"

第三，责任在身。

责任不是爱好、选择，而是不得不做的事。人依据所承担责任的大小而分出了从低到高的层次：对自己生命活着、活好、活长的责任，对家庭、生育孩子延续基因的责任，对父母的责任，对所在学校、单位的责任，对所在民族、国家的责任，对人类的责任。

第四，与人为善。

人与他人相处有从低到高的层次：与人为恶、与人为苛、与人为计、与人为冷、与人为善。其中，与人为善是最高的层次，中国传统文化经典著作《孟子·公孙丑上》曰："取诸人以为善，是与人为善者也。故君子莫大乎与人为善。"

第五，高贵优雅。

人是地球上唯一有尊严、追求真善美的高贵生物，其高贵是用优雅的礼仪举止来表达的。

那么，我们怎样处理个人与社会的关系？

人文树让孩子明白作为个体离不开社会的道理，紧接着要让孩子懂得应该怎样对待别人、对待社会。金教授概括了以下7个字的德行准则：恩、尊、善、礼、理、诺、让。

第一，恩，即报恩，感恩。

古语曰：恩，惠也。恩者，仁也。如上所述，人之所以成为人是不能离开社会的，人的吃、穿、用也一样离不开社会，所以人在任何时候、任何地方都要对社会抱感激之情。《诗经》曰："投我以桃，报之以李。"人要知恩图报，"受人滴水之恩，必当涌泉相报"。

第二，尊，即尊敬，尊重。

俄国作家屠格涅夫说："自尊自爱，作为一种力求完善的动力，却

是一切伟大事业的渊源。"中国教育家孟子说："爱人者，人恒爱之；敬人者，人恒敬之。"自尊自重和尊重他人是一种高尚的美德，是个人内在修养的外在表现，是建立良好关系的基石。我们对家人的尊重，有利于和睦相处，形成融洽的家庭氛围；对朋友的尊重，有利于广交益友，促使友谊长存。尊重他人要避免把职位高低、权力大小或拥有多少财富与尊重程度画等号。我们要欣赏他人，接纳他人，不能嘲笑他人的缺点与不足。寸有所长，尺有所短，每个人都有缺点与不足，因此对待他人不如自己的地方，要能接纳、不排斥，也允许有他人超越自己的地方。卡耐基说："对别人的意见要表示尊重，千万别说'你错了'。"

第三，善，即与人为善。

赠人玫瑰，手留余香。与人为善是一种爱心的体现，也是一种人生智慧。与人为善是一种蕴藏在人内心深处的珍贵感情。只要你真心付出你的真诚和善良，那么必定会赢得共鸣，你会有意想不到的收获。

与人为善可以为自己创造一个宽松和谐的生活环境，使自己有一个发展个性和创造力的自由天地，并享受施惠于人的快乐，从而有助于个人的身心健康。与人为善可以给我们带来好心情，还可以让我们有健康的身体。

谁都有天黑无灯、雨天没伞的时候。与人为善，就是不在别人遇到困难时无动于衷；不在别人落难时落井下石。肯为别人打伞，是一生最大的财富。人生在世，并不仅仅是竞争和掠夺，更多的是共赢。

第四，礼，即礼貌，以礼待人。

英国哲学家洛克说："礼貌是儿童与青年应该特别注意养成的习惯。"关于礼貌的重要意义，我们来看世界各国著名作家们的阐述。德国作家歌德说："一个人的礼貌，就是一面照出他肖像的镜子。"英国作家兰道儿说："有礼貌不一定总是智慧的标志，可是不礼貌总使人怀疑其愚蠢。"俄国哲学家、作家赫尔岑说："生活中最重要的是有礼貌，它比最高智慧，比一切学识都重要。"苏联作家冈察尔说："礼貌是最容易做到的事，也是最珍贵的东西。"英国画家温特说："彬彬有礼是高贵的品格中最美丽的花朵。"中国唐朝开元年间名相张九龄说："人之所以为贵，以其有信有礼；国之所以能强，亦云惟佳信与义。"

要做到以礼待人，其核心就是对他人的尊重。与他人谈话时，我们要用温和之语、真正关心他人之语。《弟子规》言："人有短，切莫揭；人有私，切莫说。"寻错揭短会使对方非常难堪。人非圣贤，孰能无过，抓住别人一点儿过错、短处不放，数落、埋怨，会因此与人结怨，失去人缘。在家庭成员中有一类对话司空见惯，明明是为对方好，说出的话却很不中听。好话好说，就能免除许多误会和不快，使对方如沐春风，家庭关系和谐。

第五，理，即遇事遵理、讲理。

遵理，就是要服从真理，并据此形成正确的理念、理性的秩序。它们包括宪法、法律、规章、条例，以及各种纪律规定。尊重并服从这些理性权威，是群居的动物维持集体活动所必需的条件。

人与人之间有时会发生一些矛盾和摩擦，怎么对待和处理这些矛盾和摩擦？我们是火药味十足，摩拳擦掌，还是心平气和地讲理？两种不同的态度会产生两种不同的结果。前者不仅不利于解决矛盾，还会火上浇油，激化矛盾，这样的例子在现实生活中数不胜数，我们常常可以看到这样的情景：有些人为一句话、一点儿小事，先破口大骂，继而大打出手，结果是小事变大事，大事变祸事。而遇事时抱着心平气和讲道理的态度，常常可以化干戈为玉帛。

其实，人与人之间没有过不了的坎，没有讲不了的理。只要我们从小教育孩子，无论何时何地都坚持遵理、讲理的做人准则，那么，孩子长大了就会成为一个通情达理的人，这对社会、家庭及个人都有好处。这对社会和家庭来说，就多了一份安定的因素；对个人来说，就是最大限度地避免了因违法、违章或争斗引起的意外伤害。

第六，诺，即守诺言，讲信用。

守诺言就是对自己说的话算数，自己制订的计划，要坚决执行。讲信用就是对别人的承诺要不折不扣地履行。

《论语·卫灵公》里，子张问孔子，怎样才能到处行得通？孔子告诉他，说话忠诚守信，做事厚道谨慎，即使到了野蛮落后之地也会畅通无阻；如果说话不忠诚守信，做事不厚道谨慎，即使在本乡本土，又怎能行得通？站立时，这些话好像就在面前；坐车时，这些话好像就刻在车辕横木上，这样就处处行得通。子张把这些话写在自己腰间的大带上。

守诺言，讲信用，就像房子的地基。假如地基比较弱，在上面盖一所大房子，一旦风暴来袭，房子就会被吹倒。

俗话说："兄弟敦和睦，朋友笃诚信。"在生活中，不论兄弟之间还是朋友之间，如果人人讲信用，遵守诺言，欺骗就会消失，诚实就会与我们同行。信守诺言是一种美好的品质，是每个人都应该具备的美德。

第七，让，即遇事时抱着谦让吃亏的态度。

事有大事和小事、原则上的事和非原则上的事之分。对大事、原则上的事自然不能让，但对一些非原则上的、涉及个人利益的小事应该展现谦让、吃亏的君子风度。

《左传·襄公十三年》："让者，礼之主也。"作家马南邨在《燕山夜话·为什么会吵嘴》里说："我们中国人历代相传，都以谦让为美德。"

现在社会上发生的很多纷争，甚至很多涉及命案的重大社会事件，起因大都是一些小事，都在于当事人遇事不肯谦让、不肯吃亏。曾有这样一则新闻报道：因为一件小事引发矛盾，相邻的两家最终惹出命案。这样的事似乎越来越多。

现在不少家长给孩子灌输"争"的处世哲学，让他们遇事要寸利必争，寸土不让，吃了亏要以牙还牙。这样做的结果，是把社会变成了一个布满炸药的战场，孩子将会成为吝啬、计较并好斗的"乌眼鸡"，社会的安宁、人的高尚品德也将荡然无存。

梁实秋曾在一文中写道："小时候读到孔融让梨的故事，觉得实在难能可贵，自愧弗如。有人猜想，孔融那几天也许肚皮不好，怕吃生冷，乐得谦让一番。我不敢这样妄加揣测。不过我们要承认，利之所在，可以使人忘形，谦让不是一件容易的事。孔融让梨的故事，发扬光大起来，确有教育价值，可惜并未发生多少实际的效果：今之孔融，并不多见。"难道谦让真的过时了吗？当然没有。谦让是一种胸怀，一种美德，一种风度，一种智慧，更是一种修养。

如果每一位家长都能教育和带领孩子做到恩、尊、善、礼、理、诺、让这七个字，那么，这将有助于孩子在成长过程中形成完整健康的人格和良好的品质。

人文树树根阐述"个人与社会"的事实；树干得出个人如何与他人、社会相处的结论；树冠归纳人文树核心价值观，即责任在身，与人为善，高贵优雅。

 思考练习题

1. 心灵种树体系中的人文树，教孩子认清个人与社会的关系。人与社会是什么关系？我们怎样处理人与社会的关系？

_____

_____

2.金教授在讲述如何对待别人、对待社会时，概括了七个字的德行准则。那么，这七个字分别是什么？具体内涵是什么？

_____

_____

如何种人文树：潜移默化

美国作家施特劳斯在《什么是人文教育》一文中说："人文教育就是仔细阅读伟大心灵留下的伟大著作。"

我们给孩子心灵种上一棵人文树，要用潜移默化的渗透方式，比如阅读经典、故事启发、写作训练、活动讨论等。总之，我们建议家长带领、陪伴和引导孩子在"学中做"。

阅读经典

和孩子一起阅读著名作家高尔基写的一篇小短文《你走了》，并引导孩子思考：小儿子临行前留下了自己栽种的鲜花，父亲高尔基从中发现了一个深刻的哲理。这个哲理是什么？它给你怎样的启示？

你走了，但你种下的那些花留在这里，并在继续生长，我望着它们，不由得愉快地想到，我的小儿子给卡普里留下了一件美好的东西——鲜花。

要是你随时随地地，在你整个的一生中，给人们留下的全是美好的东西——鲜花、思想和对你的亲切回忆，那么你的生活就会变得轻松愉快。

那时，你会感到大家都需要你，而这种感觉将会赋予你一颗充实的心。你应该懂得，给予别人要比向别人索取更为愉快。

再和孩子一起读席慕蓉《槭树下的家》（节选两段）。

真的，我那时候心里只有这一个快乐的念头。我没有什么远大的志向，更不认为我能有些什么贡献，我想回来的原因其实是非常自私的，流浪了那么多年，终于发现，这里才是我唯一的家。我只想回到这个对自己是那样熟悉和那样亲切的环境里，在和自己极为相似的人群里停留下来，才能够安心地去生活，安心地去爱和被爱。

所以，这个槭树下的家，就该是我多年来所渴望着的那一个了吧。不过是一栋普普通通的平房，不过是一个普普通通的家庭，不过种了一些常见的花草树木。春去秋来，岁月不断地重复着同样的变化，而在这些极有规律的变化之中，槭树越长越高，我的孩子越长越大，我才发现，原来平凡的人生里竟然有着极丰盈的美，取之不尽，用之不竭，我的心中因而常常充满了感动与感谢。

家长读完之后和孩子一起查找补充槭树的知识。槭树，即枫树，在世界众多的红叶树种中，槭树独树一帜，极具魅力：树姿优美，叶形漂亮，秋季槭树叶渐变为红色或黄色，还有青色、紫色，为著名的秋色叶树种，可做庇荫树、行道树或风景园林中的伴生树，与其他秋色叶树或常绿树配置，彼此衬托，增加秋景色彩之美。

接下来，家长再和孩子回忆古诗文中吟诵枫树的诗词，比如，"染得千秋林一色，还家只当是春天"。

然后家长和孩子讨论关于"家"的话题。家长把和孩子的对话记下来，你会发现这些对话非常有趣，甚至会为孩子的思想和表达所感动。

《给妈妈的信》也不错。

一场疾病使 19 个月大的海伦·凯勒变得又聋又哑。幸运的是，在家庭教师安妮的帮助下，海伦·凯勒靠自学考进了大学并以优异的成绩毕业。此后，她将毕生精力投入到为残疾人谋福利的工作中，被世人誉为"盲人的守护神"。

你想读她 9 岁时写的那封给妈妈的信吗？

给妈妈的信

亲爱的妈妈：

昨天我寄了一个圣诞小包裹。很抱歉我没有早一点儿寄出，因为做那只表盒很花时间。

全部礼物除了给爸爸的手绢之外，都是我自己做的。我本来也想给爸爸做一件，但是时间不够。

给妹妹做的五指手套可能天暖用不着，但我还是希望她喜欢它。那个小人摇一摇就会打鼓，请妈妈告诉她。

谢谢爸爸给我寄钱，我给我的朋友们都买了礼物。我每天都想念我们美丽的家，要是能跟你们在一起过圣诞节那该多好，全家在一起是多么快乐啊！请妈妈代我吻吻妹妹。我爱你们。

海伦

1889 年 12 月 24 日

我们建议家长和孩子一起读完之后，讨论一下，然后分别写《给孩子的一封信》和《给妈妈（爸爸）的一封信》。

故事启发

　　孩子都喜欢听故事。家长给孩子讲故事时，要讲那些有意义的故事，并把故事背后所蕴含的做人道理告诉孩子，或者和孩子讨论，潜移默化地渗透人文树的精髓。

　　和孩子一起读文言名篇《刘氏善举》，体悟"与人为善"。

　　刘氏者，某乡寡妇也。育一儿，昼则疾耕作于田间，夜则纺织于烛下，竟年如是。

　　邻有贫乏者，刘氏辄以斗升相济。偶有无衣者，刘氏以己之衣遗之。乡里咸称其善。然儿不解，心有憾。母诫之曰："与人为善，乃为人之本，谁无缓急之事。"母卒三年，刘家大火，屋舍衣物皆尽。乡邻纷纷给其衣物，且为之伐木建第，皆念刘氏之情也。时刘儿方悟母之善举也。

　　读六尺巷的故事，感悟"以礼待人"和"谦让和睦"。

　　相传当年宰相张英邻家造房占张家三尺地基，张家人不服，修书一封到京城让张英打招呼"摆平"邻家。张相爷看完书信回了一封信：

　　　　千里家书只为墙，

　　　　让他三尺又何妨；

　　　　万里长城今犹在，

不见当年秦始皇。

家人看到回信后，深感羞愧，主动在争执线上退让了三尺，邻家人见相爷家人如此胸怀，亦退让三尺，遂成六尺巷话。这段佳话也成了后世邻里间谦让和睦的榜样。

故事中的张英即清康熙时期文华殿大学士兼礼部尚书张英，他的儿子是大名鼎鼎的张廷玉，二人在清初康、雍、乾盛世为官数十年，参与了平三藩、收台湾、征漠北、摊丁入亩、改土归流、编棚入户等一系列大政方针的制定和实行，对稳定当时政局，统一国家，消弭满汉矛盾，强盛国计民生都起到了积极而重要的作用。二人为官清廉，人品端方，均官至一品大学士，是历史上著名的贤臣良相。同时二人还是史家公认的学者大儒。张廷玉为康熙时进士，官至保和殿大学士、军机大臣，乾隆时加太保，历康、雍、乾三朝。他有这样的官场作为，应该说是他得益于父辈、祖辈淡泊致远、克己清廉的家风。六尺巷在父辈那里宽了六尺，而在他的心胸中又宽了万丈，"心底无私天地宽"，无私的心胸坦荡无垠，成就了他千古流芳的一生。

再和孩子一起读一读著名教育理论家苏霍姆林斯基的两则故事。

（一）为什么要说"谢谢"？

在林中小道上走着两旅行者——爷爷和小男孩。天很热，他们多么想喝口水啊。

他们走到一条小河旁。清凉的河水发出轻轻的哗啦声。他们弯下腰，喝了起来。

"谢谢你，小河。"爷爷说。

男孩笑了起来。

"您为什么要对小河说'谢谢'？"他问爷爷，"要知道，小河不是人，它听不到您说的话，也不会接受您的感谢。"

"是这样。如果狼喝了小河的水，它是不会说'谢谢'的。而我们不是狼，我们是人。你知道吗，为什么要说'谢谢'？好好想一想，谁需要这个词？"

小男孩沉思起来。他还有的是时间。他的路还很长很长……

（二）面对小夜莺感到羞愧。

两个小姑娘，奥莉娅和莉达，到树林里去。走过一段令人疲倦的路程，她们坐在草地上休息和吃饭。

她们从包里拿出面包、奶油、鸡蛋。当她们吃完饭时，不远处的一只夜莺唱了起来。沉醉在这美妙的歌声里，奥莉娅与莉达坐在那里，一动也不动。

夜莺停止了歌唱。奥莉娅收起自己吃剩的东西和撕碎的纸片，把它们扔进灌木丛的下面。而莉达则把蛋壳和面包屑裹在报纸里，并把报纸放进包里。

"为什么你要把垃圾带回去？"奥莉娅说，"把它们扔进灌木丛，要知道我们这是在树林里，谁也看不见。"

"可当着夜莺的面……我觉得羞愧。"莉达轻轻地说道。

家长给孩子读这两则故事之后，和孩子讨论：在实际生活中，为什么要说谢谢？什么时候说谢谢？怎样说谢谢？另外，还可以与孩子一起谈谈关于"羞愧"的话题以及如何做到"讲公德"等可以延伸的话题。

活动体悟

人的一生会面临各种各样的人际关系。有些关系的性质会随着岁月的流逝而发生变化，但是在所有的人际关系中，有一种是与生俱来的、终生不变的，那就是亲子关系。

心理学研究表明，孩子与父母之间的依恋关系，不仅是家庭得以维系的纽带，更是促使孩子在成长过程中更好地与社会交流、与同伴对话的情感保障。亲子关系和谐、亲密的家庭所培养出来的孩子，更易发展出和谐、健康的人际关系以及亲和、独特的个性，从而获得良好的社会适应力。反之，亲子关系不融洽的家庭中的孩子，则很难与他人建立信任关系，容易在个性、人格方面出现敌对、孤僻、偏执等情况，从而很难得到社会的认可。

针对不同年龄段学生亲子关系的特点，我们在做亲子团体辅导活动中做了不同的设计，让孩子和家长在活动中进行讨论、交流、体验和实践，改变孩子以往在与父母交往中的不良习惯，学会尊重父母、孝敬长辈、与父母平等沟通、理解父母的良苦用心，这对孩子个性成熟和发展有很好的促进作用。

现列举一些活动供家长参考。

第一，亲子之间。

家长在一张卡片上写 10 个问题，让孩子来答。

1. 父母的结婚纪念日是哪天？

2. 在孕育、抚养你的过程中，爸妈最难忘的一件事是什么事？

3. 爸爸最喜欢吃的是哪道菜？

4. 妈妈最喜欢什么风格的衣服？

5. 爸爸最擅长的运动是什么运动？

6. 妈妈平时爱唱什么歌？

7. 爸爸最大的心愿是什么？

8. 家庭月收入是多少？

9. 家里每月最大的开销花费在哪一项上？

10. 你曾经做过的最让爸妈感动的事是什么？

同时，孩子在卡片上写上 10 个问题，让家长来回答。

通过这两轮问答，可以让孩子一来了解自己与父母的关系现状，认识到沟通的不足；二来尝试去了解父母，学会理解父母；三来学会换位思考，积极与父母沟通。家长要学会蹲下来与孩子对话，学会从孩子的角度看问题。

第二，学会感恩。

家长先在一张纸上写出至少 10 条"感谢孩子"的事由，读给孩子听。然后请孩子在一张卡片上的两侧分别写出"父母为我做的事"以及"我为父母做的事"。家长引导孩子思考，当自己享受父母给予的关爱和照顾的同时，该如何表达对父母的感激之情。

这个活动可以让孩子感受亲情，学会感恩；鼓励孩子有意识地运用适当的方法表达对父母的爱；使孩子懂得在生活中去关心父母。

最关键的是，家长要言传身教。在我们的团体培训中，很多孩子分享了自己的父母是如何与爷爷奶奶相处的，其中也不乏算计和不孝顺老人的情况。父母的无意识行为极有可能成为孩子模仿的对象，所以父母给孩子树立一个好榜样至关重要。

第三，爱的表达。

父母给孩子讲述《子路借面粉》的故事。

子路，春秋末鲁国人，在孔子的弟子中尤其以勇敢闻名。但子路小的时候家里很穷，长年靠吃粗粮野菜度日。有一次，年老的父母想吃煎饼，可是家里一点儿面粉也没有了，怎么办？子路想到，要是翻过几座山到亲戚家借点儿面粉，不就可以满足父母的这点儿要求了吗？于是，小小的子路翻山越岭走了十几里路，从亲戚家背回了一小袋面粉，看到父母吃上香喷喷的煎饼，子路忘记了疲劳。邻居们都夸子路是一个勇敢、孝顺的好孩子。

请孩子谈谈从这个故事中他们得到了哪些启发？是否有过让爸爸妈妈为难的事情？孩子又是怎么做的呢？

随着孩子年龄的增长，在平时的教育中，家长要培养孩子对家庭的责任感，让他们自觉地对家庭负起责任。要让孩子关心家庭中发生的事，做好自己的事情，主动为家庭分忧解难，体谅父母的辛苦，这对培养孩子的责任心有着重要的意义。

父母可以让孩子在卡片上写出最想对爸爸妈妈说的话，再写出当下最想为爸爸妈妈做的几件事情。

第四，推荐读物。

我们给家长推荐英国作家史密斯所著的《理解孩子的成长》。"孩子从出生到长大，是一个漫长而又短暂的过程。在这个过程中，每个孩子、每个家庭、每个教师，甚至学校都会经历成长的欢欣与烦恼，都会在体验抚养、教育孩子时，遇到问题和矛盾。年长者或许会觉得孩子的某些做法不可理喻，面对孩子的言行，常常百感交集又不知所措。《理解孩子的成长》将为您破解儿童成长，特别是儿童心理成长之谜。"

还可以阅读被称为"艺术天才"的黎巴嫩作家纪伯伦的诗歌《你的儿女，其实不是你的儿女》，细细品读和领悟其深涵之意。

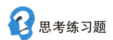 思考练习题

我们要用潜移默化渗透的方式给孩子心灵种上一棵人文树。你知道有哪些具体方法吗？你在对孩子进行人文教育时采用过哪些方式？孩子在与你进行亲子互动时的表现如何？

_____

_____

案例：家庭民主生活会

周六下午，我们正在对有多动、学习困难问题的孩子进行集体心理干预，即用团训的方式进行互动训练，一位中年男子忽然急匆匆地闯进教室，急促地说："我家孩子有紧急情况，要找金教授帮忙解决。"

郑老师把他请进咨询室，耐心地听他讲述。

他说他读四年级的儿子有四个严重问题。一是极度厌学，上课根本不听老师讲课，每堂课都分心、做小动作，成绩频频亮红灯；二是频繁说谎，而且对谁都说谎，包括老师、奶奶、父母，说谎的技巧相当高超；三是逃学，早上背着书包去上学，但下午的课就不上了，而是溜到附近的游戏机房打游戏，为了阻止他逃学，父亲专门请了假，在校门口监视他，但他照逃不误；四是偷家里的东西卖钱，将钱装进自己口袋并很快就花掉了。

这位父亲对儿子什么方法都用过了，训斥、打骂是家常便饭，有一次，把一根皮带都抽断了，但儿子仍我行我素。

"我们已对儿子绝望了。寻求你们的帮助，算是最后的救命稻草吧！"这位父亲一脸的沮丧。

听完他叙述，郑老师知道问题很严重，就约他们全家一起过来详谈。

三天后的傍晚，他们一家三口来了。

金教授、我和郑老师分别与孩子、孩子妈妈和爸爸单独谈话，当我们把情况汇总时，却颇感意外。

之前听这位父亲的讲述，我们对他口中的儿子完全是一个不良少年的印象，可眼前的这个孩子对一些是非很清楚，知道遇事应该心平气和讲道理。他说，他逃学是为了阻止父母吵架。

而孩子的妈妈对孩子爸爸满嘴怨言，说他没有上进心、不爱学习，因为她在单位里职位比较高，接触的都是高层管理者，因此往往会把那些人与丈夫相比，越比就对他越不满意，所以在家里，她对孩子爸爸说话语气不太好，因此常常争吵。

这个孩子虽然看起来比一般孩子问题严重，但问题的根源不在孩子，而是在家长。父母一些不妥的言行，使他们失去了自己在孩子心目中的权威形象；他们经常争吵，破坏了家庭和谐，而且简单粗暴的教育方法，也增加了孩子的逆反心理。

找出问题的根源只是解决问题的第一步。那么，怎么解决这些问题呢？孩子的本质虽然是好的，但问题也比较严重，而且是日积月累形成的。他的不良行为已经成为一种习惯，家长带他来咨询，可以暂时解决一些问题，但是如果父母自己的行为、他们之间的关系及教育孩子的方式不改变，孩子也会故态复萌。

用什么样的方法才能从根本上解决这些问题呢？

我与金教授、郑老师讨论之后，制订了这样一套咨询方案。

一、金教授用心灵种树体系为孩子做咨询，在孩子的心灵种下"生命树""人文树"和"哲学树"，彻底改掉孩子的不良习惯；

二、我和郑老师为这对夫妻做咨询，改善其夫妻关系；

三、非常重要的一点，也是解决问题的关键——让他们一家三口定期开"家庭民主生活会"。

每周定期开一次家庭民主生活会。父母首先要诚心诚意作批评和自我批评，营造平等和谐的气氛。孩子说得对，就要听孩子的，妈妈说得对，就要听妈妈的；还要形成决议，以便下一次开家庭民主生活会时检查；最后，要共同学习"心灵种树"的五句话，并且谈自己的感想和每天实际改变的地方，只要有好的改变，都要给予肯定和赞赏。

这对父母接受了我们的建议。而孩子将信将疑，他认为父母不会听他的意见。

一周后，父亲兴奋地反馈了结果：自从开了第一次家庭民主生活会，孩子有了明显的变化，这一周是最太平的一周，他不再逃学，而且基本上不再说谎。

三个月后，这位父亲又打来电话，说孩子再也没逃过学，也不再说谎。与父母的关系也有了明显的改善，以前因训斥、打骂孩子而弥漫在家庭里的火药味也消失了，父母可以安心上班了。

妈妈也悄悄告诉我，在家庭民主生活会上对孩子提出的要求，孩子更容易接受。而孩子爸爸也变得爱学习了，他们一家三口每周末在一起诵读国学经典，其乐融融。

"这个方法真是拯救了孩子，挽救了我们家！"

"开家庭民主生活会，听上去好老套，却这么实用！"在做咨询总结时，郑老师兴奋地说，"等我们开办家长培训班的时候，一定要将这个方法全面推广！"

家庭民主生活会是如此必要和有效，那么如何开好家庭民主生活会？根据我们的实践经验，要遵守以下几个原则。

第一，平等相待，双向交流。

家庭成员之间要平等相待，变单向教育为双向交流。

注意不要把民主生活会仅仅当作教育孩子的一种手段，不要将所有的发言都针对孩子一个人。

每个人都要诚心诚意地作自我批评，在敞开心扉的基础上，再进行相互批评。妈妈可以批评孩子，孩子也可以批评妈妈，爸爸可以批评妈妈，妈妈也可以批评爸爸。总之，凡是对自己错误的认识，对家庭成员的意见，都可以在会上提出。

家庭成员遵照平等、畅所欲言的原则是很重要的。平时父母与孩子的关系之所以不和谐，或者关系很僵，是因为双方处于不平等的地位：一方是居高临下地教育、训斥，而另一方则是被动地受教育、挨训。孩子有自己的想法、意见，但是往往没有地方表达，或者表达了也不被父母重视和接纳，因此就会对父母产生逆反心理，双方关系处于一种顶牛状态，那么孩子自然很难听进去父母的话。

上述案例中的孩子告诉我们，他也曾向父母表达过很多意见，但他们根本不在意，所以他就采用逃学等手段来引起他们的重视。当我们建议通过家庭民主生活会表达他的意见时，他认为没用，因为他觉得父母是不会听的，即便听了也不会改变。

所以在家庭民主生活会上，父母要放下架子，首先作自我批评，然后诚心诚意地倾听孩子的心声，这样才能取得好的效果。

父母应该认识到，在平等、宽松的环境下，父母听听孩子的心里话，是孩子的愿望，甚至是一种渴望。

一个上五年级的孩子对我们说，她心里对家长有很多意见，但是没有合适的时机表达，她也想要通过开家庭会这样的形式表达出来，想不到这样一个极好的建议竟被父母搁置一边。

第二，向一个真理靠拢。

在家庭民主生活会上，各个家庭成员畅所欲言作了批评和自我批评，并充分发表意见后，不能形成谈而不决，或者"公说公有理，婆说婆有理"的局面，大家都要向一个真理靠拢。母亲说得对就要向母亲靠拢，孩子说得对就向孩子靠拢，然后按照对的意见形成决议，并用文字记录下来，以便下一次家庭民主生活会时检查。

平时父母与孩子的关系是：我是家长，不论对错你都应该听我的。虽然孩子平时慑于父母的权威，不得不口头上接受他们的意见，但其实孩子是口服心不服。于是，他会用自己的方式进行对抗：他年龄小的时候，父母的力气比他大，他知道硬顶不是个办法，于是就假装耳聋，这就是家长经常烦恼的——任凭家长如何喊他，孩子就是不动；当孩子年龄逐渐大了，力气也大了，他就会与家长硬顶，甚至对打。

其实，人有一个本性，即只接受、服从他认为正确的意见和道理，而拒绝接受或者服从他认为错误的意见和道理。所以家长要想让孩子听话、服从，不能靠父母的身份、力气，而要靠真理。

第三，要心平气和地讲道理。

在开家庭民主生活会时，家庭成员对一些问题不可避免地会有不同意见，在碰到这种情况时，家长要坚持用心平气和讲道理的方式来解决。

平时，父母也一直在教育孩子，但效果往往不理想，其实不是父母讲的道理不对，而是讲道理的态度不对。他们常常用教训的口吻对孩子讲话，孩子当然会产生逆反心理并将父母所讲的正确道理拒之门外。

因此，在开家庭民主生活会批评孩子时，一定要心平气和地跟孩子讲道理，当孩子感觉父母是平等地对待自己时，就会对父母产生一种亲近感，这样他们才能坐得住、听得进去。否则，孩子会觉得开民主生活会与平时差不多，平时是一个人教训他，现在不过是两个人联合起来用开会的方式教训他，孩子就会对家庭民主生活会失去兴趣。

第四，要学习。

家庭民主生活会同时又应该是家庭学习会。如果只是民主生活会，每周大家批评来批评去，等到后来没有什么好批评时，就会落入俗套，失去新鲜感。如此一来，家庭民主生活会就会很难坚持下去。在家庭成员之间进行批评和自我批评后，只有进一步学习，才会给家庭会议注入活水，才会丰富并提升家庭成员的思想境界。

开会时，大家可以先交流一下这一周自己对看过的报纸、杂志、书籍或者微信上的文章、快手抖音上视频的体会，这样，一人看过的内容、收获和体会就会变成大家的。然后，大家一起精读一本书或一篇文章，这些书或文章应该是人文方面的，能达到提升家庭成员人文素质的目的。

在学习时，和孩子一起朗读选定的文章，或是爸爸妈妈读给孩子听，或是听孩子读，也可分角色朗读。朗读是口、眼、耳、脑的综合活动，多种器官的相互协作有利于加强对读物的理解，提高阅读效果，同时也能满足孩子表演的欲望。在家庭会议上，一家人聚在灯下，绘声绘色地朗读，既使家庭气氛和谐，父母尽享天伦之乐，又有利于孩子的学习，何乐而不为呢？

第五，形成有利于孩子成长的氛围。

有些家庭中存在成员间争吵不断、父母对孩子的教育没有建立在身份平等基础之上、经常训斥孩子的情况，这就导致孩子出现了种种问题。这样的家庭环境不改变，孩子的问题不可能彻底解决。家庭民主生活会，可以在家庭中营造民主、真诚、亲切、向上的氛围，在这样的氛围中，孩子高尚的道德品质、健康的心理素质就会慢慢培养起来。

在实践中，经过一期又一期的心灵种树训练营，我们发现，参加训练营的孩子提升了对自我的认知，也改变了生活中自私、不懂事的不良习惯。

小钱同学写道："在以前，如果谁无缘无故踩了我一脚，却没有立刻向我道歉的话，我一定会跟他没完没了，我从来没想过要去谦让别人或者原谅别人。而现在，我会主动礼让别人，也不会为小事与别人针锋相对了。心灵种树的人文树真的给我上了很好的一课。"

小胡同学这样反思自己："以前，我从不关心人，没有想过做朋友、同学、姐姐的责任，自顾自玩乐、学习，但是现在，我开始关心人、体贴人。以前，爸爸妈妈有时批评我，我不甘心，跟他们吵，吃东西时我总挑大的、好的吃，把小的、不太好的给爸爸妈妈吃，但现在，这种现象几乎没有。这些都说明我改变了，开始懂得尊敬长辈了。"

小秦同学也看到了自己生活中的变化："曾经我是一个经常对别人的错误大发雷霆的人，我还经常把责任推到他人身上。一次，在打篮球时，因队友的一个动作不合我意，我就大发雷霆，然后扭头就走了。事后，那个朋友再也没有搭理过我，就这样我失去了一个知心朋友。学了人文树后，我明白了要包容。自此以后，当我的同学犯了错时，我会耐心地跟他分析，叮嘱他以后不要再犯同样的错误。不知不觉中，我交到了更多的朋友，我的生活充满了快乐。"

9岁的小高同学这样记录着自己的改变："记得还没上人文树训练营之前，我经常和妈妈吵架，但是等学到'恩'这个字时，我知道，妈妈把我养大是那么辛苦，我应该感恩。所以，从那以后我再也没和妈妈吵过架。以前，坐公共汽车时，我几乎没有给老人让过座位，但是上了人文树训练营后，每次坐公共汽车，看到有老人上来我都会毫不犹豫地把座位让给他。学了人文树后，我的人文素质提高了，也明白了社会最大的希望在于个人的品行。一个人的品行是多么重要啊！"

这些都是孩子的真情实感和真实改变。孩子首先在认知上有所转变，然后，把内心的感恩、责任、谦让等付诸行动，从生活中的小事去改变，从每一件小事上积累，就一定会发展出良好的人格、高尚的情操，他们就会与人为善，成为一个积极快乐的人，相信每一位家长都会为此感到欣慰和满足。

亲爱的家长们，请带着理智的爱，在孩子心灵种上一棵人文树，让孩子在"责任在身，与人为善，高贵优雅"中成长。

思考练习题

开家庭民主生活会，对于改善家庭关系非常有效。那么如何开好家庭民主生活会？其具体原则有哪些？

_____

_____

第三章

给孩子心灵种一棵哲学树

　　心灵种树体系中的"哲学树五句话"，不仅具有心理治疗的作用，还可以指导成人、家长从根本上解决心理问题与心理障碍，更能帮助家长引导孩子解决情绪问题、人际沟通问题、学习问题以及最重要的亲子关系问题，促使孩子心智和人格成熟。

金教授做了 50 年心理方面的工作和研究，有着近 30 年的心理咨询和培训实践经历。在接触了上万的家长和孩子后，他总结当今孩子的通病是"四太"和"四无"。

中小学生存在着"四太"问题：太爱动、太幼稚、太娇蛮、太自私。

大一些的中学生及大学生存在着"四无"问题：一切无所谓、生活无榜样、学习无兴趣、人生无目标。

这反映了我们的孩子在认知、心理及社会性的发育方面的滞后和偏离。然而，家长在培育孩子及与孩子沟通方面也存在不少误区：首先是教养方式上的误区，可分为溺爱型、专制型、放任型、啰唆型等；其次是交流方式的误区，因言语暴力而对孩子造成心理伤害的案例比比皆是。

而根据中国心理卫生协会的一项调查，当代高中生和大学生存在最为突出的"四大心病"是"人际交往压力、学习压力、就业压力、情感困境"。如今各种竞争压力很大，如果家长不能及时帮助孩子疏导、排解这些"心病"，任由其恶性生长，将贻误孩子终生。

长久以来，孩子一直是依靠家庭中成人的教导或者在与其他孩子玩耍中，学习基本的情绪处理能力和社交技能。而在今天的社会，这些学习的途径却日渐消失。

今天的孩子，每天大量时间面对的是手机、电脑、电视。高科技产品固然有用处，却不会使孩子在人际关系、沟通技巧、情绪处理和其他许多重要的生活能力上有所进步。

有教育专家这样反省：我们的学校和家庭，究竟教给了孩子什么？他们会读、会写、会算，将来也许会赚钱谋生、消费享受等，但如果不找到孩子的"四太""四无"以及"四大心病"的根源，如果不能及时纠正这些问题，就会导致孩子心理畸形，从而引起越来越多的社会问题。

现状："不轻松"的孩子

"几乎人人都有心理问题，只不过程度不同而已；几乎人人都有程度不同的心理疾病，只不过得病的时间不同而已。"这是美国著名作家、医学博士、心理治疗大师斯科特·派克在心理学著作《少有人走的路》一书中总结的，他被誉为"时代最杰出的心理医生"。

如果这是真实的，那么 21 世纪将是心理学的世纪。清华大学一位心理学教授用了三方面原因来阐释这种说法：第一方面，社会越文明，人们的压力就越大；第二方面，人口越来越多，地球资源越来越少，人们在社会生存、工作中时时刻刻都很压抑；第三方面，心理学跟经济有关，2002 年，诺贝尔经济学奖颁给了美国普林斯顿大学的心理学教授，这意味着 21 世纪经济学的风向标有可能是心理学的风向标。专家们提出，人们在生活当中追寻的目标不应是赚最多的钱、获得最大的利益，而应是获得快乐、幸福和满足。

现实情况却如香港心理学者李中莹老师所说："我们正处于一个'小孩不好过，家长更难为'的时代。"今天的孩子要面对更多的挑战和更艰难的成长环境。

在"不轻松"的孩子们背后，常常伴随着家长们"不正常"的表现。这样的情况在金教授的心理咨询室里经常可以见到。

案例一：不去上学的孩子

"我们可就这一个孩子，他变坏了，我们一切都完了，今后可怎么活呀！"一对父母来到咨询室就叹息不已。他们的儿子9岁，自上学以后，就多次受到老师的批评，原因是他上课不好好听讲，经常撕纸条、玩橡皮、玩小刀等，还与周围同学讲话。每听老师反映一次，父母总要打骂他一顿。开始时，他还表示要改正。后来打骂次数多了，他就产生了对父母和老师的仇视心理。上课时他闹得更厉害了，故意与老师作对，弄得全班同学不能上课。后来他索性不去上学了。无奈之下，父母只好带他来找金教授做心理干预。

孩子"上课不好好听讲"的问题出现了，可父母的表现却是"打骂一顿"。事实证明，因为父母逃避责任，想把问题归咎于孩子，才会选择简单粗暴的教育方式，可是这往往会使孩子走向另一个极端：击碎孩子的自尊，逼着孩子走向自暴自弃的道路。在这个案例中，正是由于父母的态度，才导致孩子"变坏"，甚至不愿再去上学。

"几乎人人都患有程度不同的神经官能症或人格失调症。"心理学家斯科特·派克说。

不论神经官能症还是人格失调症，都是责任感出现问题所致，然而其表现症状恰恰相反：神经官能症患者为自己强加责任，而人格失调症患者却不愿承担责任。与外界发生冲突和矛盾时，神经官能症患者认为错在自己，人格失调症患者却把错误归咎于旁人。

心理学界有一种公认的说法："神经官能症患者让自己活得痛苦，人格失调症患者则让别人活得痛苦。"也就是说，神经官能症患者把责任揽到自己身上，弄得自己疲惫不堪；人格失调症患者则把责任推给别人，而首当其冲的就是其子女。人格失调症患者不履行父母的责任，不给孩子需要的爱和关心。孩子的德行或学业出现问题时，他们从来不会自我检讨，而是归咎于教育制度或者抱怨、指责社会、学校和别的孩子，认为是他们"带坏了"自己的孩子。

毫无疑问，孩子的问题是由多种因素造成的，包括社会和学校，但在诸种因素中起主导、决定作用的因素还是家庭，还是孩子的父母。

英国教育家洛克曾说："家庭如同江河的源泉，家庭教育能够使河流改变方向。"

家庭是根，是本，是源，是孩子最早接触的社会环境和接受教育的场所，家庭可以为子女提供经济支持，这决定了家庭的作用是其他因素不能与之相比的。

当孩子出现种种问题时，把原因归结于孩子，把原因推给社会和学校的家长，是有意逃避责任，这类家长就是心理学家所说的人格失调症患者。如果家长经常这么做，孩子日后遇到问题也可能会逃避责任，从而患上人格失调症。有的孩子因长期被父母指责，渐渐觉得错在自己，由此患上了神经官能症。长辈的问题影响着下一代的成长，这种情形极其常见，遗患无穷。

案例二：离家出走的男孩

当父母带他来做心理咨询的时候，他刚被父母找回来。这已经是他第三次离家出走了。

他是个 12 岁的男孩，父亲对他管教严厉。只要他的言行举止父亲看不顺眼，就会对他训斥一番。久而久之，男孩慢慢对父亲产生了敌意，觉得父亲有意和他过不去。父亲管教他，他不是顶嘴就是不予理睬。一天，他因为在学校与同学打架，被老师批评。回家后，父亲又把他训斥了一顿。他一气之下，留下一封信，便离家出走了。后来尽管把他找回来了，但他还是会离家出走。

"你为什么要离家出走呢？"金教授问他。

"我就是要让父亲知道，离开他我也能活。我要让他为此事难过一辈子。"男孩说。

在孩子成长过程中，父母对孩子或多或少、或轻或重地进行"管教"，这很正常，但是这位父亲管得太"重"了，甚至可以说，他这不是在"管"，而是在"推"，用训斥和打骂的方式把孩子推向深渊。

这样的家长是不称职的家长，而他本人却浑然不觉。打骂、训斥孩子，这种推卸责任的教育方式，可能会让家长一时感觉舒服和痛快，却不知会影响孩子的一生，会影响孩子未来的婚姻、交友和事业。他们长大后也不肯担责，导致人生问题重重。

案例三："蛋壳少女"的养成

她已经是第五次来做心理咨询了。起因是她刚上初二时，被新来的班主任批评了一次，之后就出现了焦虑不安、失眠等症状，无法继续学习。

究其原因，是她在两岁多时，因不小心额头上碰了个口子，从此，家里人就再也不让她一个人出去玩。在成长的过程中，她除了读书、做作业和玩耍外，几乎没有做过其他的事情。在这样的家庭环境中，她不能做自己该做的事，由于受到"这样不行""那样危险"的过度保护，逐渐形成了自尊心强、虚荣心强、动手能力和生活自理能力差、自信心不足、依赖性极强的性格。随着年龄的增长，她总是拿自己和别人对比，发现别人比自己强，心里就不安。到了初中后，虽然成绩很好，但她总觉得自己不像别人评价得那么好。为了维护自己的荣誉，她必须时时刻刻掩饰自己的缺点，这又使她的内心与外在表现极不协调，所以她常常为此感到痛苦、忧郁和焦虑。

父母的过度溺爱把她养成了一个"蛋壳少女"：表面上个性极强，但内心空虚、脆弱，只要轻轻一捏，就成了碎片，稍受挫折就支撑不住。

被过度关心或者说被溺爱的孩子常常把"我本来可以""我或许应该""我不应该"挂在嘴边，不管做什么事，他们都觉得自己能力不及他人，他们缺少自主判断及承担责任的能力。他们的心智不成熟，不能正确认识自己，毫无自信，更不会客观评估自己和他人应该承担的责任。他们在家得到无微不至的关心，可在与人交往时常常自惭形秽，认为自己不够可爱，缺点大于优点，他们长大后，甚至会遭遇神经官能症和人格失调症的双重症状，承受双重痛苦。

案例四：疑心重的少年

"我们俩讲话没人偷听吧？""没有。"

"他们不是在议论我吧？""不是。"

这是一个名叫东东的男孩跟我在咨询室里的对话。

东东从小身体瘦弱，又比较听话，父母给予了他无微不至的照顾，无论在生活还是学习上，父母都给他安排得妥妥当当。高中住校离开了父母，面对繁多的课程，他常常不知所措。在自习课上，他不知该复习什么，成绩也一路滑坡。东东难以接受这个事实，觉得同学和老师都有些看不起他，便下决心要把成绩提上去。他在自己的本子上写了一句话："在成绩没有上来之前，不与人交往。"然而他每天的独来独往，又引起了一些同学的议论。东东非常苦恼，常常在听课时怀疑同学们在议论他，注意力难以集中。到高中毕业时，他的成绩下降了很多，高考榜上无名，东东受到了沉重的打击。虽然家里人没有责备他，但他觉得不好意思见人。他复读后，疑心更重，觉得老师也看不起他……最终，他的复读徒劳无功，再度落榜。后来他家里人把他带到了金教授的跟前，寻求帮助。

了解了这个孩子的成长经历就知道，由于他从小就没有机会安排自己的学习和生活，因而缺乏信心，所以到高中时离开父母的保护就难以适应了。

以上四个案例，可以说都是父母对孩子"管得太严"：要么是严加管教，给孩子带来特别大的挫折感，爸爸妈妈变成"行凶者"，让孩子很绝望；要么是一味严管学习，让孩子除了成绩之外其他都是低能，出现诸多心理问题。

那么，到底是该管，还是不该管？这也是让很多父母纠结的问题。

比如，孩子玩手机、看电视、打游戏，根本停不下来，耐心的父母会跟孩子讲道理、定规则、设奖罚，但执行起来百般艰难，难免对孩子怒吼。而缺乏耐心的父母，就得用说教、指责、抢夺，甚至打骂等方式才能让孩子从屏幕前离开。

如果不管，那任由他不写作业、拖延、磨蹭、视力下降吗？这些问题更让父母们焦虑。

于是，焦虑的父母们，造就了"不轻松"的孩子们。

 思考练习题

1. 不去上学、离家出走、心理脆弱、疑心重等，是很多"不轻松"的孩子常有的表现。你的孩子有这些问题吗？如果有，你知道是什么原因造成的吗？

_____

_____

2. 心理学家斯科特·派克说："几乎人人都患有程度不同的神经官能症或人格失调症。"神经官能症和人格失调症都是由什么原因造成的，其具体症状分别有哪些？

_____

_____

被逾期的心理关爱

网上有一个笑话："小时候父母吵架，闹到要离婚的地步，我挺身而出劝解道：'难道你们就不能打一顿孩子消消气？非要闹到离婚吗？弟弟还那么小，你们打他，他又不会记仇！'"

这个笑话让我们反思两个问题。

第一个问题，在孩子小的时候打孩子，他会有感觉吗？

孩子作为一个人，有着非常复杂、灵敏的感觉系统。这个感觉系统是人类经过几十万年的漫长进化形成的。他对外界的事物有着非常精确的感受。孩子出生后，最先发育的是神经系统。他的感知能力，从胚胎到出生后一个时期内，就一直处于迅速发育阶段。胎儿的味嗅觉系统在出生时便已经完善，6个月就能分清父母的声音。

所以，父母千万不要认为孩子是个小不点儿，什么也不懂，没感觉，就可以随便训斥、打骂。殊不知，孩子在很小的时候，他的感觉系统就已经具备了感知外界信息的能力，他能感觉到父母每一个眼神、每一个动作、每一个语气所传达的信息，并迅速作出判断：你对他是爱还是不爱，是尊重还是不尊重。然后，他会根据自己的判断做出相应的反应。

第二个问题，父母解决问题的方式是否会影响到孩子？

从小看着父母吵架长大的孩子，以后会脾气暴躁，爱打架。在金教授的青少年心理咨询中心，经常会看到这样的案例。

他是五年级学生，从小就脾气暴躁，一点儿小事不合心意，就与妈妈大吵大闹，在地上打滚。一次，妈妈带他在医院就诊排队时，他跑开了，妈妈找到他时气得打了他一下，这孩子当场就与妈妈对打起来，周围都是围观的人。后来，他的外婆带他来找金教授做心理咨询。外婆说，家里经常发生"世界大战"，为了孩子的教育，外婆外公要经常"打仗"，他父母也要经常"打仗"。

这是典型的"四二一"家庭。可想而知，长辈们处理问题的方式会对孩子产生怎样的影响。

心理学认为，孩子的学习动机来自家长的行为和情绪，而不是家长的指令。

家长处理一件事的行为模式，孩子看到后，也会跟着模仿。

孩子看到家长面对某个情况时产生的情绪反应，便会认定那是正确的，并且自己在面对同样的情况时也会做出相同的情绪反应。

我国教育家陶行知先生，一次听朋友说因孩子拆坏了钟表而将孩子揍了一顿，陶先生幽默地批评他："中国的爱迪生被你枪毙了。"陶先生还在不同场合说过："你的棍棒下有瓦特，你的冷眼里有牛顿，你的讥笑中有爱迪生。"

英国教育家斯宾塞说："野蛮产生野蛮，仁爱产生仁爱，这就是真理。"父母用打骂这样不文明的方式教育孩子，孩子也会用这样不文明的方式对待别人。

在我们的咨询中，遇到最多的问题之一就是孩子说谎。

一位母亲来做咨询的时候说，她读初中的儿子在一次考试中"考砸"了，因害怕被大人唠叨，就谎报了成绩。直到卷子发下来，母亲才知道受骗了，于是狠狠教训了儿子一顿。之后，无论是测验还是考试，她都预先到老师那儿打听好成绩，再找儿子核对。一次，老师报错了成绩，两人自然没对上。母亲大怒，说儿子又在撒谎。儿子不服，反问她："你怎么知道我在撒谎？"母亲就将到学校打听成绩的事说了出来。谁知儿子听罢扭头就走。从此，母亲再问成绩的事，他死活不开口。这位母亲后来才知道，自己背着儿子去学校打听成绩的事，极大地伤害了儿子的自尊心。

有一个刚考上大学的女孩子跟我们说，从小到大，她从来没对父母以及家里人说过她的真实成绩。因为每次说出成绩之后换来的都是一顿骂；即使是她全力以赴地去考试，最好的结果也只是不挨骂而已，父母从来没夸奖过她。之后遇到问题，她都会选择沉默；即使遇到大事，她也不会告诉他们；就算他们知道了，她也撒谎。因为她认为父母不会帮她，只会骂她愚蠢。最后，她就什么都不对父母说了。

当父母因孩子的谎言而愤怒时，请一定要问问自己：如果孩子诚实，你会给孩子的诚实"活路"吗？有的家长一发现孩子犯错就打他，孩子为了免受"皮肉之苦"，当然会撒谎。他骗过一次，就可减少一次"灾难"，这是人自我防卫的"本能"，因为说出真相的代价太大。可是孩子说谎，往往站不住脚，很容易被家长发现。为了惩罚孩子说谎，父母会打得更狠；为了逃避挨打，孩子下一次做错事还会说谎。这样就形成了恶性循环，后果可想而知。

有的家长说，我天天给孩子讲"诚实是为人之本""诚实是一个人的美德"等，为什么孩子还会撒谎？如果过度要求孩子诚实，生硬地讲道理，苦口婆心地提要求，往往会让孩子"更不诚实"，他们会用更加隐秘的方法来对付家长，费尽心思地隐瞒真相。长此以往，他对自己也会不诚实。

一个人什么时候不撒谎？只有当他说出真相时，他不会被粗暴对待，不会被道德审判，他才会不撒谎。父母要明白，孩子要在自由的环境中成长。不论孩子长成什么样，父母都能给予他理解和爱，这样的孩子才能活出属于自己的精彩，才会事事对父母坦诚相告。

而当你知道孩子撒谎的时候，作为家长，应该怎样处理呢？

2020 年 5 月的一天，一位来自上海市奉贤区的家长找到我，他问："陈老师，我家 16 岁的女儿总是自残，这是为什么？"

我问他："发生了什么？"

这位父亲说，有一次他去开家长会，听到老师说前两天考试成绩已经出来了，他想起女儿昨天跟他说成绩还没出来，就气得冲出教室找到女儿，上去就是两个耳光。

"看来你当时很生气。"我说。

"是的，我不能容忍孩子撒谎的行为。"这位父亲说。

"所以你用打孩子耳光的方式来教育她。"我说。

"我绝对不允许她这么小就撒谎，不能养成这个不好的习惯。"这位父亲说。

"那你打了她有什么效果吗？"我问。

他沉思了一会儿，支吾着说："她当时哭着跑开了……之后我就发现她开始自残……"

斯科特·派克说："我们之所以具备爱的能力和成长的意愿，不仅取决于童年时期父母爱的滋养，也取决于我们一生中对恩典的接纳。"

令人遗憾的是，如今的"小公主""小皇帝"出现了很多问题。

小京是家里的"小皇帝"，要风得风，要雨得雨。父母对他一味溺爱、顺从，使他在外面受不了半点儿委屈，经常打架惹祸。父母对他的过分溺爱、迁就，使他养成了霸道、蛮横、神经质、极易冲动的性格。

一天，他气呼呼地跑回家，又哭又闹，原因是同桌的女同学下课时没让他先走，他踹了人家几脚后，又把人家的书包丢到厕所里，因此被老师批评了。他要求爸爸去学校找老师评理，让老师给他道歉。

"先吃了晚饭再说吧！"父母已经做好晚饭，这样跟他说道。

可他却不干，双手一使劲，把一桌饭菜掀到了地上。

看到骄横的儿子，父亲再也忍耐不住，啪啪就是几耳光。

十几年来因对儿子顺从而产生烦恼的父母变得越来越急躁，情急之下使用了严厉的管教方法。而从小要风得风、要雨得雨的儿子，第一次遭遇父母的拒绝，他唯我独尊的心理接受不了眼前的现实，父母粗暴的打骂不断在他眼前闪现，挥之不去。

从此以后，他敌视父母。他不许父母进他的房间，因为他怕父母害他。吃饭时，他会拿起妈妈为他准备的碗到水龙头下长时间冲洗，因为他担心碗里有毒。就连家里烧的开水他都不敢喝，渴了只在水龙头下接水喝。

最后，父母带着痛苦、内疚、悔恨的心情，带着他走进心理咨询中心寻求帮助。

　　这样的父母，一方面把孩子当成掌上明珠，百般宠爱，过分娇惯；另一方面又忽视孩子心理成长的规律，对孩子没有要求，一味顺从。这样，孩子就形成了自私自利、缺少独立性、蛮横胡闹等许多不良品质。更有甚者，就像这个男孩一样，出现了心态扭曲、心理障碍乃至精神分裂。

　　在现实生活中，在家庭里"关怀备至""包办代替"的家长比比皆是。

　　本应由孩子去做的事情，父母都包办了，这种教养方式导致孩子依赖性太大、难以适应社会生活、心理脆弱、缺乏创新意识等，其结果是不仅束缚了孩子的个性，还让孩子在面对问题时不会自己处理。

　　家长应该帮助孩子成长而不是代替孩子成长。任何代替孩子成长的企图，最终都会产生负面效应。家长代替孩子做孩子该做的事，会使孩子产生依赖心理和缺乏自信，他们不但不会尊敬父母，反而会抱怨、挑剔父母。

　　家长鼓励和引导孩子做他自己的事，是最有效的帮助孩子成长的方法。只有这样，孩子才能够成长，才有足够的能力照顾自己。

　　孩子的自发性、积极的态度、自律、自信和自尊，都是在"自己做自己的事"中培养起来的。

　　其中最重要的是，家长要让孩子学会处理自己的问题，包括处理自己的情绪。

　　情绪是怎么出现的？

　　"是人的认知而不是事件本身创造了人的情绪"，心理学家埃利斯的认知行为理论指出，人天生具有歪曲现实的倾向，问题不是事件本身，而是人们对事件的判断和解释。

　　心理学家费斯廷格的认知协调理论认为，人们的问题在于，当你看待、评价、处理事情时，如果你的想法是僵硬的、极端的、消极的，就会对失败和挫折过度敏感，易于产生消极的情绪反应和不良的行为，这种冲突的直接结果是认知不协调。

在大量的心理咨询个案中，我们看到，无论是家长还是孩子，呈现的问题很多可以归为"认知失调"。

我们来看金教授曾接触过的一个案例。

她是父母及祖辈的"掌上明珠"，从一年级到三年级一直是班上的好学生，经常受到老师的表扬，班里的同学也都对她刮目相看。她自我感觉也极好，习惯了这种众星捧月的感觉。可是在上四年级时，她因病住院，耽误了课程。病好后她回到学校，成绩明显不如从前。她不再是同学关注的对象了。为此，她心理很不平衡，默默地下决心，要让老师重新注意她。后来班上有同学反映，他们经常丢东西，笔、尺、书等。终于有一天，当她从老师的抽屉中偷钱的时候，老师发现了，才知道之前别的学生丢的东西都是她偷的。当老师问她为什么要拿别人的东西时，她说："只有这样，别人才会注意到我。"

案例中这个孩子之所以出现情绪障碍和行为障碍，就是因为认知失调。心理学家贝克把认知失调归成三类：成就（需要成功、高的操作标准）、接纳（被人喜欢、被人爱）、控制（要左右事物的发展变化、要成为强者等）。

对认知失调的孩子来说，如果不能得到关注、不被人喜爱、事情不是自己所能控制的，他们就会表现出异常的行为方式。

一天，心灵种树学苑青少年心理咨询中心来了一对头发花白的中年夫妇（序篇中提出拿 30 万元解决孩子问题的家长）。他们坐下后，伤心地讲起了正读初三的儿子的情况：孩子在初一时还比较听话，从来不会顶嘴。但从初二开始，你说他两句他要顶三句。现在到了初三更不得了，在学习问题上不能和他说第二遍，否则他就会立刻跳起来与你吵，有时还扔东西，甚至动手打父母。一次，父亲见他坐在写字台前发呆，就说了一句："要抓紧时间做功课了。"他没有反应。父亲做完事回来，见他还坐在那里没有动静，就又说了一句。这下可不得了，他从座位上蹦起三尺高，大喊大叫，说他的事情不要大人管，父亲这样做是干涉了他的自由。说着，他就把桌子上的东西都扔到了地上，父亲说："你怎么可以这样？"话音刚落，儿子挥拳就打了过来。父亲就这样说了两句话，他竟然闹了一整天，第二天还拒绝上学，让父亲请假陪了他一天。还有一次，他在书房里做功课，把房门锁了起来，父亲说房门关起来可以，但不要上锁。他不理睬，父亲又说了一遍，为此他又大闹了一天。

这对夫妻非常焦虑地说，孩子原来成绩还没有不及格的现象，可到了初三却连连亮红灯，而且迷恋动漫，打人也是模仿动漫里的动作。在初三这样关键的时期，他还这样无知、幼稚、蛮横，父母都快急出心脏病了，却又不能多说一句……

这里我们且不说孩子的情况，先来看家长的问题：这对夫妻就出现了典型的"认知曲解"类型中的"应该倾向"。

具有"应该倾向"的家长常用"应该"或"必须"等词要求自己的孩子，如"你应该做这个""你必须做那个"，这意味着他们对事物的看法坚持一种标准，如果孩子的行为未达到这种标准，就会以"不该"这样的字眼责怪孩子，如果孩子的所作所为不符合自己的期待，就会觉得失望或怨恨，认为"他不该那样"。家长认为"一直听话的孩子就应该一直听话""初三的孩子就应该成绩更好"，而当孩子的行为与自己的意愿和期待完全相反时，家长就出现了着急、紧张、焦虑等心绪障碍，就像这对夫妻一样甚至"快急出心脏病"了。

以上我们列举并分析了很多孩子的问题以及孩子问题背后折射出的家长的问题，那么，出现这些问题之后，我们的家长怎么办？又该怎样教孩子去处理这些问题？

每一个孩子的心灵都渴望成长，渴望迎接成功而不是遭受失败。

家庭是教育的根基，父母是孩子的第一任教师。我们的家庭教育，就是要培养孩子解决自己问题的能力。正如 20 世纪 60 年代美国流行的作家埃尔德里奇·克利佛的一句话："你不能解决问题，你就会成为问题。"

 **思考练习题**

1. 父母解决问题的方式会影响孩子。你平时教育孩子的方式是什么方式？你的教育方式对孩子产生了哪些影响？孩子对你的教育方式的反应是怎样的？

_____

_____

2. 孩子如果出现情绪障碍和行为障碍，往往与认知失调有关。在心理学中，认知失调可分为哪几类？具体表现是怎样的？

_____

_____

哲学树内涵：构建哲学观 面对接受

　　家长在孩子的心灵种一棵哲学树，就是从根本上解决孩子的"认知"问题。出现问题不可怕，人在一生中会遇到各种问题，关键是要让孩子学会面对和处理自己的问题，父母要学会授"孩"以渔。家长对孩子有很多责任，但最重要的就是"帮助孩子培养能力"，让孩子长大后能够养活自己，也必须让孩子知道自己的能力不能操控世界，而只能在并不完美的世界里获得自己的一份成功和快乐。

心理学家贝克的研究表明，人们从童年期开始通过生活经验建立和形成了各自独特的认知结构或图式。这些图式指导着人的信息加工过程，对内外环境的信息表现出主动选择的倾向，肯定与图式一致的信息，无视或否认与图式不一致的信息，赋予知觉信息以不同的意义，评估自己所处的环境，通过心理构建各自的现实。

换句话说，人们是按照各自的习惯方式去认识自己和世界，根据自己对事件的判断和解释处理事情，用自己构造的想象和预期推测事情的发展和未来。每个人的以往生活经验各不相同，而内外环境信息多种多样，都有可能出现信息加工系统紊乱或认知曲解。从这个意义上说，认知不发生错误的人是极少的，正如我国思想家荀子所说："凡人之患，蔽于一曲而暗于大理。"

心灵种树体系中的哲学树的内涵的实质，就是帮助人们解决"凡人之患"，帮助人们走出认知失调或曲解，促使人们认识自己不合理的信念以及这些信念的不良情绪后果，通过修正这些潜在的非理性信念，最终获得理性的生活哲学。

哲学树的内涵

心灵种植的哲学树可以回答人的第三个根本问题：存在是什么，我的主观意愿与客观存在谁依谁？

"谁依谁"，即主观与客观谁依谁？人的主观决定究竟是依据自己的想象、经验，还是依据全面本质的客观事实做出的？人们怎样回答这个哲学问题，就会有怎样的行为和结果。当一个人没有认识到世界的客观性、复杂性，他的行事方式就是拍脑袋、想当然、自以为是，结果事

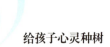

与愿违，一次又一次失败。

一个青年整天无精打采，对什么都没有兴趣，他的口头禅是"混混""捣糨糊"。有人指着白色的墙问青年："这面墙是何色？"

"白色的。"

"可另一人说它是黑色的，对不对？"

"对的。"

"难道颜色没有客观标准吗？"

"没有，颜色是人定的，你想说它是什么颜色，就是什么颜色。"

原来他的想法源于其深层的哲学认知，他认为世界无规律、无标准、无真理，因此追求也就失去了意义。

哲学树的结构

哲学树分为三个部分。

第一部分，树根，即事实是什么，阐述存在是什么。

对于哲学树树根事实的完整阐释可分为三点。

一、主观外有客观。

在人的主观愿望外，有一个不以人的意志为转移的客观世界。客观世界可分为三类：一是自然界，包含土地、宇宙；二是除自己以外的其他人（社会人文）；三是自己的身体（血型、DNA 不是你的主观产生的，身体是意识之外的客观产物）。

二、客观世界是多样的、复杂的、变化的。

世界是多维的，可分为三维：一维是一条线，事物总是在一条时间线当中运行；二维是点在长 × 宽的平面上；三维是立体的前后左右。**任何人看到的事都处在三维世界当中，如果单纯觉得一个点怎么样，就会忽视了它与各个点之间的联系状态。**

"多维"包含三个特点。一是多样的，元素不同，综合多样化合物；人与人的指纹不同，DNA 不同。二是复杂的，事物有表象，但也都有实质。三是运动变化的，人体内血液在流，地球在转，不停地在运动。正如佛教的哲学观点"空无"，一切精彩的事物因缘聚合，但皆不是永恒，体现了事物的运动性，最终从有到无，再从无到有，循环往复。

由以上阐释可以得出结论：我们对任何事情表达观点都不能太肯定、太绝对，因为客观世界是多维的。任何你看到的、听到的都只是事物的一部分真相，它还有很多方面，不能用太"自以为是"的观点来面对。当你去判断一件事是否该做的时候，其实并不应由"绝对化"的观点所决定，而应由综合因素决定你是否去做，比如对一件事情的价值判断，或者对这件事做与不做的后果判断，要根据后果的好坏来决定。

三、客观世界是有规律的，规律是可以被认识的。

动物只能认识简单的规律，而人能够认识复杂的规律。人们都是在研究事物背后的规律及意义。

主观是意识。人首先有感觉，通过感觉系统，进入大脑形成知觉，后面形成思维，形成判断，最后形成概念名词及联系（主观形成的过程）。正因为如此，人的主观要像照相机，用感官收集全部信息和资料，真实地反映外界。人们形成结论观念的时候，要严格按照收集的材料，不可添油加醋，不可歪曲外界事实。

因此可以得出人的重要品格：客观、中立、求真。

第二部分，树干，即在事实的基础上，得出的结论。

一切主观要依据客观而存在，不能歪曲、放大或缩小客观事实，不可搞混主客观的关系。任何事情你要发表观点时，一定要依据客观事实，不可无中生有。"主观怎么对待存在"，可用六个字概括：容、真、动、省、耐、信。

第三部分，树冠，即将树根、树干做出总的概括。

归纳哲学树核心价值观：面对接受，科学求真。

哲学树五句话

心灵种树体系中的哲学树有五句话需要我们牢记在心。

第一句：存在不是按照我认为的应该出现的，是合力的必然结果。

存在是客观、多维、变化的，在其现象背后是有原因、有规律的。

存在是不以人的意志为转移的客观事实，因此存在一旦出现，主观应该对其不带价值评判、不带情绪，并无条件地接受。因为存在内部有一个神秘的、有规律的、美的真世界，所以人又要带着探究的好奇、爱的期待去接受。

第二句：允许，面对接受。

1.允许太阳存在。地球围绕太阳旋转，要允许因太阳引发地球自然现象的存在，人类因太阳而生，要允许在太阳底下人类社会各种事物的存在。

2. 允许别人存在。允许比我成功的人存在，允许反对我的人存在，允许我讨厌的人存在，允许我爱的人离开。

3. 允许自己存在。自己是生物，要允许生物新陈代谢引发的种种欲望；自己是社会的人，有人的神性，要全然接受自己，要允许自己胖、矮、丑，允许自己说过错话，做过错事。

第三句：科学求真。

"真"是隐藏在事物表面现象背后的原因、本质、规律，因为隐藏不能直接获得而需要"求"，"求"得"真"，依"真"而行，就会心想事成，求真要用科学的方法。首先我们要尽可能地搜集详尽的材料，然后对其去粗取精，由此及彼，由表及里，去伪存真。

"真"有三"求"：一是当下的"真"；二是将来的"真"，即当下"真"将来发展变化的趋势；三是当下的"真"和将来的"真"如对己不利，即制定趋利避害的战略、策略。

第四句：蓄量达变。

物质的变化都是量积累到一定程度才发生的。因此确定某个质变目标后，要耐心、坚持不懈地进行量的积累，决不能有始无终，半途而废。

第五句：相信未来。

你完全做到了上述四点，未来的结果一定是好的，因此要对自己的认识和行动充满自信，对未来充满信心。这就意味着，做到了以上四点，自己没有想错做错，在未来的各种可能性中，你会争取到最好的可能，因此你就不会有遗憾。但未来的结果除了你的正确努力外，还会受到其他不可控因素的影响，因此未来的结果未必如愿，所谓"尽人事，听天命"，但前提是你的"尽人事"是否付出了比别人多的努力。

哲学树的这五句话，一方面具有心理治疗的作用，另一方面也可以帮助人们形成正确的人生哲学。这五句话，不仅可以指导成人、家长从根本上解决心理问题与障碍，更能帮助家长引导孩子去解决情绪问题、人际沟通问题、学习问题以及最重要的亲子关系问题，促使孩子心智成熟和人格成熟。

认识世界

一提起哲学，有人会觉得有点儿玄奥，认为那是哲人、学者研究的形而上学的东西，或把它看作是一种看问题的方法，如一分为二、抓主要矛盾等。其实我们身边每时每刻都存在哲学，影响着我们胸怀的宽窄、情绪的好坏，决定着我们做事的成败。所以它应该成为人必须修炼的基本素质之一。因为它是如此重要，所以家长要在孩子的心灵上种上一棵哲学树，让孩子认识主观与客观的关系。人的主观怎样认识周围的客观世界，就会怎样依据客观来行事，从而达到预期的结果。

那么，世界是什么？

人只要一醒来，脑子里就会有种种想法、愿望及打算。这些想法、愿望及打算就称为主观世界。而人的主观世界又时时刻刻会面对另一个现实的世界，包括房子、树木、他人、事件等。这些主观世界以外的现实，就是客观世界。那么，主观与客观这两者是什么关系？究竟是主观

138

决定客观，还是客观决定主观？这是哲学要回答的第一个基本问题。要解决这个问题，我们需要认清三个基本事实。

第一个事实，在人的主观愿望之外，有一个不以人的意志为转移的客观世界。

人类 5000 年的文明史都证明了这一基本事实。人在没有主观愿望之前，即在没有出生之前，客观世界就已经存在，地球就已经在旋转。当一个人出生后，无论他有什么样的想法，地球照样在旋转；当他不在这个世界上时，地球仍然在旋转。客观世界并不因你的出现与否，愿望变化与否而有丝毫的改变。人们不认识或否认这个事实，就会受到惩罚。

有这样一个故事，某人见隔壁邻居很有钱，就起了歹念，想偷邻居的钱，但怕被人发现。他去请教一个道士，道士就教了他一招，告诉他只要念一段咒语，就能隐身穿墙而过拿到邻居的钱。于是，此人就按道士所说，先闭起眼睛，念念有词，然后起身，拼命向墙壁冲过去，只听啊呀一声，此人应声跌倒在地，头上撞出个大包。

人的肉身明明是客观存在的，可此人却认为凭几句咒语就能隐藏肉身，结果受到了客观存在的惩罚。

第二个事实，客观世界是复杂的、多变的。

世界是客观的，而这个客观世界不是单一的，也不是不变的，而是极其复杂的、千变万化的。不认识到这点，人也会出错。

大家都知道盲人摸象的故事。几个盲人在摸象，一个摸到大象的躯干，就说大象是一堵墙，一个摸到大象的腿，就说大象是柱子。这些盲人犯了把部分当整体的错误。大象是由腿、躯干等各部分所组成的，但盲人把摸到的象的部分，当作了象，这就犯了把部分当全体的错误。有个射击冠军打靶百发百中，他打天上的飞鸟也是一打一个准，但他打河里的鱼却常常打偏。原来，光通过水产生的折射现象，使鱼的位置在人的眼里出现了假象，射击冠军照着假象射击，当然就打不中了。所以，只有认识客观事物部分与全体、现象与本质、原因与结果的关系，才能准确地把握客观事物。

第三个事实，客观世界是有规律的，是可以被人认识的。

客观世界尽管是复杂的、多变的，但它是有规律可循的，人有能力认识、把握它们：地球围绕太阳公转一圈就是 365 天，宇宙不会让地球随便改变它的转速，一会儿是 300 天，一会是 200 天；种瓜得瓜，种豆得豆，大自然决不会让其种瓜却得了豆，种豆却得了瓜……这一切都说明，表面看似杂乱无章的客观世界，其实内部有一双看不见的、无形的、必然的手在支配着它。这双手就是客观规律。而这些规律尽管是看不见的、无形的，却能被高度进化的人所抓住。

40 年前，美国进行了一项人类有史以来最伟大的项目：把人送上月球，这是一个极其复杂、庞大的工程，涉及天体物理等众多学科。而最后，美国按计划成功地把阿波罗宇宙飞船送上了月球，并让其宇航员在月球上行走。这就使以往人类所发现的关于天体的规律得到了全面的验证。这证明这些规律不是胡言乱语，而是客观存在的，是完全正确的。它再一次证实了上述事实：客观世界确实是有规律的，规律是可以被人认识并可用其来改造客观世界的。

哲学揭示了上述三个基本事实，那么人面对这些事实，应该怎么做呢？家长应该教孩子从小树立什么样的哲学观呢？金教授在心灵种树体系的哲学树部分提出以下四个字：容、真、耐、信。

容，即容纳、接纳。

既然哲学的第一个事实告诉我们，在人的主观世界之外有一个客观世界，而这个客观世界又是不以人的意志为转移的，那么，人应该怎样对待这个客观世界呢？那就是容纳它，接纳它。

人的心胸、脑海就像容器，应该容纳外部的客观世界。这个容器应该有多大？应该像海洋那样大吗？有言道，"海纳百川，有容乃大"，说的是海洋正因为接纳了千百条河流，才宽阔无比。但是还不够，另有一句话说："比海洋还宽广的是天空，比天空更宽广的是人的心胸。"所以人的心胸应该比海洋、天空还要宽广。

人的心胸应该能容纳一切信息，接纳一切事情，无论是你想到的还是没有想到的，是你喜欢的还是不喜欢的。

真，即说真、求真。

"说真"即我们的言语、结论、判断要真实地反映客观事实。可是这样简单的真理却不被一些青少年所认可。金教授曾与一个上海市重点中学高三学生有过这样一段对话。

金教授问："你认为世界上有没有真理和标准？"
学生答："没有。"
金教授问："比如我这件衣服（指着自己穿的白大褂）是什么色的？"
学生答："白色。"

金教授问："可有人说是红色的，对不对？"

学生答："对的。"

金教授问："排除色盲，他的色感完全正常，到底是说白色的人对，还是说红色的人对？"

学生答："都对。他认为是白的就是白的；他认为是红的就是红的。"

金教授问："那就没有统一的标准吗？那么我这件衣服到底是白色的还是红色的？"

学生答："是白色的。"

金教授接着说："对，它是白色的，中国人说'白色'，美国人说'white'，虽然用的词不同，但表达的是一个意思。再比如说长度，以前中国用'尺'，英国用'英寸'，但都可以换算成共同的单位——米。人的器官生长排列都有一定的顺序，如心脏在胸腔左上方，阑尾在腹部右下方，如果它的排列无规律可循，那外科医生在右下腹有时会碰到心脏，有时会碰到阑尾，就无法做手术了。所以这个世界上的真理，是有标准的。既然有，那人就应该去寻找真理，遵循真理。"

求真，即探求事物内部的规律、真理。事物的规律常常隐藏在事物的内部，不是你一眼就能看出来的，因此需要去探索、去追寻。这个探索和追寻的过程常常是十分艰苦的。但是一旦发现了规律和真理，人们就能遵循规律去实现自己的理想、愿望。科学家一辈子的工作就是去寻找事物内部的规律。人类的文明就是由"求真—转化成果—再求真—再转化成果"这样不断循环的过程所推动的。求真不但可给社会做出贡献，同时也可以最大限度地挖掘人的潜力，实现人的价值。所以，家庭需要补课，因为很多家庭忽视了教孩子求真。

耐，即忍耐、坚韧。

哲学告诉我们：事物的发展是一个由量变到质变的过程。一壶水，从冷水变成开水，需要 10 分钟，那你就要耐心等待 10 分钟，因为它需要能量的逐步积累，只有当能量积累到一定程度时，才会发生质变，由冷水变成开水。如果你无法耐心等待，就会做出揠苗助长的蠢事。无论是学钢琴、练字，还是学习，都要每天坚持不懈地练习，量的积累才能达到一定的水平。所以，要想孩子事业、学业有成，家长要在孩子很小的时候就培养孩子忍耐、坚韧的品质。

信，即对自己要有信心，对事也要有信心。

哲学告诉我们，事物的发展过程不是呈一条直线笔直向前的，而是迂回曲折呈"之"字形变化的，但它总的趋势是呈螺旋式上升状。

黑夜总要过去，太阳总会升起来的！严冬过后，春天就不远了！人要相信"天无绝人之路"，而且"条条道路通罗马"。因此，我们要教育孩子无论何时何地都不能失去信心、不能悲观失望，而要以自信、乐观的态度面对人生、面对世界。

允许自己存在

为什么要"允许自己存在"？我们在多年的心理咨询中发现许多来访者总是在否定自己、攻击自己。

贬低自己：我不值得，我配不上！

厌弃自己：我不好，我差劲！

批判自己：都是我的错，我的出生是个错误！

审判自己：我有罪，我为自己羞耻！

背叛自己：我只能 / 应该无底线地讨好别人！

否定自己：我没能力！

苛求自己：我做得还不够完美！

憎恨自己：我死了就好了！

诅咒自己：我被抛弃了，永远不会成功！

以上罗列的这些现象，家长看了是不是觉得似曾相识？自己的孩子是不是时不时地会冒出这些话来？

相信每一位家长都不希望孩子这样否定自己、对自己毫无信心。

心理学中的认知行为模式认为：**如果你相信自己是什么样的人，你就会成为那样的人；一旦你相信自己应该做什么，你就会那样去做。**

一个人的想法决定了他的内心感受和反应。也就是说，一个人的想法或态度会对其情绪和行为产生影响。同样的事由于错误的推论或判断就有可能导致错误的行为。

我们要运用心灵种树体系中的哲学树的内涵，帮助孩子从那些挫败和没有自尊的思维中解脱出来，树立看待自己、看待他人和自己的关系、看待自己和世界的关系的正确观念，以积极的心态健康成长。

有些人常常能看见自己的优点，并为之自豪，但不允许自己有缺点，不允许自己太胖、太瘦、太丑，不允许自己说错、做错，由此无限地自责、懊悔。

还有些人因为自己的言行受到别人的关注后，会担心自己表现不好或者不正确，由于想要表现得更好反而做不好。

也有些人会消极地看待自我、自己的经验以及自己的未来，把自己看成是有缺陷的、不能适应的或者是被人抛弃的人，认为自己是没有希望的或无用的，从而贬低自己乃至厌弃自己。

这些都可以归为"否定自己"。

长期否定自己会抑制免疫系统，引发抑郁症，甚至引发癌症。虽然人需要自我反省，但万万不能过度。

所以，哲学树提出：允许自己存在，允许自己有优点，也允许自己有缺点，全然接纳自己；不但允许自己存在，还要进一步感谢自己。

每个人的生命都是独一无二的，每个人都是一个独特的存在，每个人都是丰富的个体，每个人都有许多内在特质以及外在表现与行为。人对自我进行积极的探索，认识到积极、消极，理想、现实，一致、冲突的自我，更有利于充分了解自己，并接纳自己不可改变的"短板"，用开放的心和包容的视角接纳自身的不足，扬长避短。承认并面对自己的不足，是允许自己存在的一种积极的表现。"金无足赤，人无完人"，我们总是在不断地成长和完善自我。允许自己存在，接纳自我不可改变的不足，因为不足也是鲜活生命的组成部分。不断改变自我并超越自我，用积极的态度弥补现存的不足，这是生命的动力所在。

 思考练习题

1.在孩子的心灵种一棵哲学树，可以帮助孩子从根本上解决"认知"问题。那么，哲学树的具体内涵是什么？

_____

_____

2.心灵种树体系中的哲学树部分有五句话非常重要，需要我们牢记在心。这五句话分别是什么？

_____

_____

怎样种哲学树：内化于心

如果家长只用语言告诉孩子一些道理，是很难有效果的。只有父母自己先改变，调整心态和意识、语言和行为，这样带领孩子一起内化于心、外化于行才会有效果。

前文中提到那对"头发花白的中年夫妇"因上初三的儿子的学习问题、迷恋游戏问题、打人问题前来咨询，在第一次聊天结束时，这位父亲跟金教授说："我给您30万元，请您把我这孩子教育好，直到他考上大学，钱不够，我会再给！"

原来这对父母是做生意的，年近40岁才要孩子。父亲常年不在家，偶尔回家也是极其宠爱孩子。父母挣钱就是为了孩子，可谁知孩子长大了却变成这样！

金教授当时说了一句话："停下来，和孩子一起改变，一定还有救！若家长不改变、不陪伴，只想孩子改变，是很难的。这不是钱能解决的问题。"

孩子刚出生时，就是一张白纸，主要的学习对象是父母、亲人，若家长没有改变，孩子便还会模仿父母往常的行为模式。

"孩子爱乱发脾气、脾气暴躁怎么办？孩子每次不开心的时候，就扔东西、骂人、打人发泄。"这是很多家长带孩子来咨询的原因之一。

而孩子的回答却是："因为妈妈（爸爸）就是这么做的。"

今天的家长因为现代社会的压力越来越大，有时可能会不自觉地将这些压力发泄在孩子身上。在我们的培训课程中，有一个环节是情绪处理，我们问孩子"什么时候不开心"时，其中不少孩子会答："父母发脾气的时候，我会很担心，很不开心。"

去年，我们在为上海某校高一学生做团训时，一个男生说："每次妈妈下班回家看到爸爸在沙发上坐着，就会骂他太闲没事干，顺带着也会把我骂一顿。真希望她不要这样没来由地骂我。"男生的话引起了其他同学的共鸣。

当一天的工作结束后，你带着疲倦的身体和工作中出现的不快回到家，孩子对你的话不但不听反而顶嘴，你心中的怒火或许会当场燃起。

家长的压力可能来自工作、疾病、经济收入、婚姻关系、亲子关系等，也可能来自个人的心理困扰等。在长期重压下，一个人会出现情绪不稳、睡眠不好、消化系统问题、记忆力差、学习能力弱、观察和创造能力大大减弱等情况。

既然家长的责任是帮助孩子好好成长，使孩子有足够的自信、足够自爱和自尊，那么，家长首先需要学会处理自己的情绪和接纳、面对问题。

所以，如果要在孩子心灵种一棵哲学树，家长首先要学会将哲学树的内涵运用到自己的工作和生活中。

领悟：面对接受

请家长们读一读曾国藩的诗，领悟心灵种树体系中哲学树第二句话的核心价值观：面对接受。

左列钟铭右谤书，

人间随处有乘除。

低头一拜屠羊说，

万事浮云过太虚。

诗中的"屠羊说"是说有个宰羊的屠夫，他曾帮助楚昭王平定天下，楚昭王复国后再三请他做官都被他谢绝了。他说："大王丢了国土时，我也丢了宰羊的工作，现在大王重登宝座，我又操起宰羊刀，恢复过去的一切，这很好。"

曾国藩借用这一典故告诉自己的兄弟："你知道我为何在书房的左边摆满了朝廷的嘉奖，右边放了一大堆告发和咒骂我的信吗？人世间的事本来就如天平一样，这头高了那头就低，既不能因有了功就忘乎所以，也不能因被人骂了就垂头丧气。只要效法屠羊说，乐观豁达，把一切看开了，荣誉也罢，诽谤也罢，都不过是蓝天上的一片浮云，一会儿就会被风吹散，成为往事。"

感悟：蓄量达变

心灵种树体系中的哲学树第四句话是蓄量达变。事物的变化有量变和质变，要达到质变，需要量变积累到一定程度才能发生。

这在中国传统文化典籍中有相同的阐述。

《易经》中说："小畜，亨。密云不雨，自我西郊。""小畜"与"大畜"相对，是指一种卦形；亨是指通顺；"密云不雨，自我西郊"意即在西郊一带乌云密布，但是并没有下雨。这句话是说，应当耐心而积极地积存力量，切不可冒险行动。

古人说："磨砺当如百炼之金，急就者非邃养；施为宜似千钧之弩，轻发者无宏功。"意思是说："磨炼自己的意志，应该如炼钢一般，反复地锤炼，如果急于成功就不会有高深的修养。做事要像拉开千钧大弓一般，如果随便发射，就无法建立宏大的功业。"

只要功夫深，铁杵磨成针。做事要有恒心和毅力，只有沉淀下来，摒弃浮躁的心性，才能做出一番事业。

任何一个想要获得成功的人，都必须经历这样一个厚积薄发的过程，而所有的过程必定都是艰辛的。现在风风光光的人，在人生的某一刻，也都经历过艰难困苦。他们的那段经历，是孤独的，是不为人知的，甚至是不被人理解的。但是他们坚持下来了，才有了现在的成就。

很多人做事的时候容易犯这样的错误：一件事情还没有头绪，就没有了耐心，转向下一个目标；而在另外一件事情上同样如此，没有看到成绩的时候，就寻找新的目标。这样做的结果就是失去了一个厚积薄发的过程，自然也没有拨开云雾见晴天的那一刻。时间永远都浪费在不断学习新事物的过程中，表面上看，这个人做过很多工作，什么都会，但是实际上什么都不精通，而且并没有达到自己期望的状态。做任何开拓性的事情，没有经历过无数次的挫折，都不会成功，那些妄想投机取巧的人，是不可能得到想要的结果的。

请记住：当你践行心灵种树体系中的哲学树第三句话"科学求真"时，要蓄量达变，要积累足够的内容才能求到真；而要依真而行，达到你的目标，更要蓄量达变！

游戏体验：峰回路转

家长放一段轻音乐，和孩子一起闭上眼睛，听着音乐思考一个问题：你最希望将来在哪方面有所成就？你要听一听孩子的理想，也跟孩子讲一讲自己的理想。

然后你在纸上写：要实现这样的目标需要具备哪些条件？你要和孩子一起探讨，通过分析，你觉得实现这一目标的可能性有多大？（注：在此导入哲学树五句话中的"蓄量达变"。）

这时候你可以将话题转一下：如果失败了，你如何应对？你要和孩子一起寻找自己的缺点，看看自己是怎么对待它们的。

你要引导孩子对自己的不足赋予积极的意义，可以自己先做示范，主动寻找自己的缺点，然后赋予其积极的意义。

你要加强孩子对自我的接纳，尤其是对自己不足的接纳，从而学会欣赏自己，对自己的生理和心理上的"负面"特质赋予积极的意义，使其转化成积极的自我效能——自尊和自信（注：在此导入哲学树五句话中的"面对接受，科学求真"）。

你继续放一段音乐（最好是孩子喜欢的音乐或者歌曲），思考一个问题：什么时候发生的什么事情让你感到自己是有力量的？你最引以为傲的是什么事情？

也许在成长过程中，我们会遇到很多挫折，受到很大打击，但每个人在人生过程中总有这样那样值得自己和他人为我们骄傲的事，正因为这些美好的时光，我们的生活才多姿多彩。你要让孩子分享在过去的岁月中让自己感到信心十足的事情，让孩子从回顾中体验成就感，进而在自我认知上有愉悦感，发现自我，从而勇敢面对困难。

最后，家长结合生命树的内涵告诉孩子：每个人的出生都标志着他是最初的成功者，是概率为两亿分之一的最大成功者。家长对孩子说："你的出生，给了父母最大的欣慰，父母给了你一个美丽的名字。"然后家长和孩子一起分享他的名字的来历。

以上亲子沟通游戏，可以利用周末时间集中完成，也可以利用零散的时间随时分几个阶段和孩子一起完成，使孩子更深刻地理解哲学树中的五句话。

改变的收获

许多带着孩子来做心理咨询的家长，虽然在与金教授沟通之后，明白孩子的问题是家庭问题造成的，但有些人麻木了，拒绝解决自己的问题。这种情况往往不能解决问题。正如李中莹先生所说："欲想孩子有所不同，家长必须先在自己的思想、言谈、行为和情绪表现方面有所不同。"所以，要想改变孩子，家长需要先改变。因为很多家长带着孩子一起来参加心灵种树的培训活动，所以我们设计了独特的令家长们反思、体悟以及亲子沟通的环节。以下是参加培训之后的家长们的感悟。

"作为心情急切的家长，我们以前也会问自己：家庭中发生的问题是什么问题？我们该做什么？但参加心灵种树的培训之后，我现在明白了：父母身上有着改变孩子命运的神奇力量。我们从内疚、自责和愤怒的状态中解脱出来的时候，也救了自己的孩子。"

"以前孩子的爸爸总是爱对孩子说'我供你吃，供你喝，掏钱让你上最好的学校，你还要什么？'之类的话，我们现在才明白，我们是用物质来代替自己对孩子的感情付出，这是极其错误的。"

"孩子在遇到问题时，往往愤怒、发火、不想上学、缺少礼貌。这时候，做父母的一定要清楚我们需要做什么，千万不能被孩子的沮丧情绪传染，使自己失控。"

"学会与孩子交流，学会用心去听，真诚地接纳孩子，并放弃作为家长居高临下的架势。这就是我从心灵种树的课堂训练中学到的最实用的东西。"

"作为一名合格的家长，要善于培养孩子敏锐的洞察力，并从孩子细微的变化中，从孩子的言谈举止中发现问题。父母要学会读懂孩子，帮助孩子建立自信。参加心灵种树的培训后我才知道，以前的我不是一个合格的母亲。"

"我要做一个有能力容纳孩子各种反应的家长，做一个不把自己的焦虑转移到孩子身上的家长，做一个善于倾听孩子心声的家长，做一个能够深刻理解孩子的家长，因为只有这样，我们心爱的孩子，才能永远健康成长。"

 思考练习题

家长与孩子一起玩游戏，引导孩子思考"最希望将来在哪方面有所成就"。家长跟孩子讲一讲自己的理想，并让孩子说出他的理想并写下来。

_____

_____

案例："你允许太阳存在吗"

"你允许太阳存在吗？"就是金武官教授的这句话，使一个重度抑郁 7 年、反复吃药不见效的女孩子如醍醐灌顶，幡然醒悟，抑郁症状很快减轻，后来痊愈。

案例一：你允许太阳存在吗？

她原本是成绩优秀、性格活泼开朗、人见人爱的好女孩、好学生。家庭和谐，父母婚姻美满。但高三那年，仅仅因为一句不经意的话，她走上抑郁的不归路。7 年的时间，她看过不少心理医生，吃过很多药，状态时好时坏。虽然她顺利考上了大学，毕业后参加了工作，但是重度抑郁的痛苦仍然缠绕着她。

直到 2019 年的 6 月，她从网络上看到金教授的心灵种树介绍，来找金教授做心理治疗之后，一切都发生了改变。

像她这样的情况，我们一般都会想：到底是什么原因让她抑郁 7 年而不见好转？原生家庭问题？不接受父母？没有充分成长？成长过程有创伤？人的心理问题不外乎就是这些，但是，经过 7 年的心理治疗，现在再探究问题的原因在哪里，把时间浪费在找出原因上，已经没有必要了，况且，即便找到原因，未必就能解决问题。

所以咨询过程是这样的：第一次，金教授听女孩讲她这 7 年来的经历和感受，充分聆听、共情，同时把所引起的情绪感受进行处理；第二次，金教授用提问和探讨的方式，跟她分享生命树、人文树的内涵；第三次，金教授讲解了哲学树的五句话，并让她每天重复这五句话，念一遍或者抄写一遍，同时要写出自己的理解和感悟。

前前后后两个月时间，这个女孩只进行了三次心理咨询，重度抑郁的症状就减轻了。金教授再次见到她时，她非常确定地说自己完全恢复正常了。金教授对她做的心理测评和霍金斯能量指数也显示，她的心理状态是健康的。

是什么让她这么快速地痊愈了呢？她说，就是"你允许太阳存在吗"这句话，令她幡然醒悟。

"我以前不允许别人存在，不允许我讨厌的人和不喜欢我的人存在，甚至不允许自己存在，这就相当于不允许太阳存在，但是这可能吗？你不允许太阳存在，但太阳照样永恒地存在……我想通了……"

女孩说，她现在正在做两件事，一是将自己得抑郁症这 7 年的经历和感受写下来；二是准备重新考研究生，主攻方向是心理学。她还要跟着金教授学习心灵种树体系，这将是她未来乃至终身追求的事业。

饱受 7 年抑郁之苦的女孩，终于迎来了自己生命中的新"太阳"。

案例二：退到最后

前文提到的那对做生意的中年父母，原本想花钱把孩子扔给我们教育，在听了三次金教授的课之后，终于下决心调整时间陪伴孩子一起参加训练。

他们这个家庭，父母与孩子的关系不和谐，甚至越来越僵，到了不可收拾的地步。因此我们对他们的训练首先是亲子沟通。

父母与孩子的交流进行到第三次时才变得顺畅，这时候他们才知道孩子逃学的原因。两年前，读初一的儿子因上课违反了纪律，被老师打了一记耳光，孩子就不愿意再去上学了。他在家待了几天之后，被父亲知道了，父亲一时着急，对儿子言语上有些粗暴："你书也不读，你这人还有什么用？给我滚出去，死掉算了。"父母没想到从此孩子逃学、打游戏、打架成了常态。

虽然亲子关系缓和了，互相之间也有了交流。但这么久以来形成的"恶习"不是一朝一夕就能改变的，孩子仍然不愿意去上学。

于是咨询的第二阶段，就是父母"允许孩子存在"，即接纳孩子，接纳孩子的全部问题。在这样的现实面前，请父母问问自己：究竟是用打骂的方法把孩子逼出去、把孩子的命逼掉好呢，还是压制自己对孩子极端不满的情绪，让孩子平安地生活好？他们选择了后者。父母在接受现实并放弃对孩子的期望后，自己的心情就会平静下来，孩子也才会在家里待下去。

咨询的第三阶段是"退到最后"，这对父母接受了孩子不愿意去上学的现实，后来，儿子到父亲开办的企业打工，心情也好了一些。与此同时，母亲并未放弃让孩子上学的努力，仍然坚持陪伴孩子参加心灵种树的训练，同时学习金教授的"战略学习法"。孩子在家里自学了一段时间，又去参加了初三补习班，多次考试成绩都名列前茅。

从此，孩子又恢复了自信，并顺利考上了高中。逃学、打游戏、打架等情况孩子再也没有出现，与父母的关系也大大改善。

这个持续了近一年的心理咨询个案给了我们很大的启发。孩子有问题并不可怕，关键是这些问题出现后，父母如何对待。孩子出现问题后，父母的态度有着决定性的影响。

金武官教授的心理咨询室接待过不少出于种种原因而厌学、逃学、退学的孩子，这些孩子的问题往往是"冰冻三尺，非一日之寒"，是日复一日地逐步积累起来的。他们的心理状态极差，理智已被情感代替，往往已抱定了破罐破摔的心理。他们就像站在悬崖边上，在这种情况下，如果父母再逼他们，就很可能会把他们逼下万丈深渊。所以，对这样一些处于极端状态的孩子，父母要采取"退到最后"的策略。

所谓"退到最后"，就是接受现实，放弃期望，先保住孩子。放弃期望，就是父母要放弃以前对孩子抱有的种种期望，比如学业要求、职业设计等。父母一般都会对孩子抱有期望。在现有状况下，父母不要再在这些方面指责、要求孩子，当然更不能说"你给我滚出去""你死掉算了"之类的气话，而是要先让孩子在家里平安地待着。的确，父母要做到这一点，是十分困难的。因为从十月怀胎开始，父母就对孩子寄予了无限的期望，希望他将来才学出众、事业有成、功成名就。父母千辛万苦把孩子养大，现在却要放弃对他一直抱有的所有期望，对父母来说，这是极其痛苦而又极其艰难的。但父母要认识到：孩子的现状很糟糕，这是一个无可奈何的现实。在这样的现实面前，任何抱怨、指责、暴跳如雷、打骂等冲动的行为不但不能解决问题，反而会带来更严重的后果。所以，父母要接受这个不以自己的意志为转移的现实。

退到最后，并不是要父母永远放弃希望，而是以退为进。当孩子的状态与你的愿望不相符时，父母可以先心平气和地与他交谈，如果他不接受，千万不要强迫他接受，父母这时要退一退，然后再找机会与他谈。有句话叫"急来缓就，高来低接"，意思就是急的事情来了，要缓冲一下，高处有东西下来了，手要放到低处才能接住。当父母与孩子谈话处于"顶牛"状态时，如果父母能缓一缓、退一退，孩子对父母的对抗心理就不会那么强烈，以后你再找机会与他好好谈时，他就有可能会接受你的意见。退一退，孩子的对抗情绪就此打住，父母也有了回旋的余地。退不是目的，退是为了进，为了更有利于解决孩子的问题。

我们按照"退到最后"的原则去指导一些处于绝望状态的父母，都取得了预期的效果。

这几年，金教授在全国各地奔波，为中小学校的老师和辅导员们授课，一个学校的心理辅导老师参加完培训之后这样写道：

"什么样的教育才能让人保持生命的正确方向，并载物载学到达胜利的彼岸呢？心灵种树告诉我们，一个人的言行是由三个核心认知决定的，这三个核心认知分别是关于生命、人文、哲学的认知。

怎样认知生命，就会怎样对待生命，是珍惜、浪费还是自毁；

怎样认知人文，就怎样对待他人，是自私、容人，还是利他；

怎样认知哲学，就怎样看待客观世界，是自我主观，还是理智客观。

因此，当一个人没有建立这三个正确的核心认知结构时，他必然会表现出种种不理想的状态，这些不理想的状态仅仅做就事论事的心理咨询，不能从根本上解决问题，即使一时缓解了，过一段时间又会反复。只有从根本上抓住这三个核心认知的构建，才能从根本上解决问题。"

在本章的最后，让我们重温心灵种树的三条底线。

生命树，是指以命为本，即以生命为底线，最高状态为让生命发光；

人文树，即以责任为底线，最高状态是博爱；

哲学树，即以面对、接受客观事实为底线，最高状态为追求无限接近真理，发现世界的各种规律。

我们要守住底线，然后不断往最高状态努力。

那么，什么是以命为本？人首先要珍惜自己的身体，保护好自己的身体，让自己健康地活着。生命就是在活着与活好之间波动，活得不好的时候要允许自己退回到活着的状态。活着不是为了什么，它只是一个过程，一个我们每个人需要完成的历程。但是你在活着的底线或者基础上可以让自己想办法活得更好，活得更长。你要发现自己的兴趣、能力，并跟社会需要结合起来，尽量实现自己的价值，让生命发光。

什么是责任？责任不是你喜欢才去做，是你不喜欢也必须去做的事情，必须去尽的义务。善待你的家人、你的朋友、你的工作。与人为善，每天做一件家务活，为社会或者社会中的其他人做一件小事。最终修炼到博爱，爱众生的状态。

什么是面对接受？世界是客观的，不是按照你想的、你以为的运转的，你不允许太阳存在，太阳就不存在吗？不允许别人存在，别人就不存在吗？不允许自己胡思乱想就真的能做到吗？不允许自己生病就一定不生病吗？任何事的发生都是合力的必然结果，不是你一个人决定的。遇到开心的事情就愉快地接受，遇到一般的事情就平静地接受，遇到痛苦的事情就无奈地接受。允许太阳存在，允许别人存在（允许比我成功的人、讨厌我的人、反对我的人存在，允许我爱的人离开），允许自己存在（包括自己的各种状态，尤其自己的生命）。

你客观地看待世界，才能发现世界的各种规律，无限地接近真理。

亲爱的家长朋友们，请用心领悟生命树、人文树、哲学树的内涵，过好自己的人生，帮助孩子成长，而不是代替孩子成长。要相信，每一个孩子都具备使他拥有成功快乐的人生所需的全部能力，而家长要做的就是帮助他把这份能力有效地释放出来。

而这，正是心灵种树的使命和信仰——"三成功一高贵"：

生命成功，即健康地活过百岁；

内部成功，即最大限度地实现自我价值，拥有持久的幸福感；

外部成功，即拥有财富和名誉；

高贵，即拥有使命、担当、教养。

祝愿所有的孩子都拥有成功而高贵的一生！

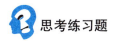 思考练习题

1. 面对一些处于极端状态的孩子,父母要采取"退到最后"的策略。"退到最后"的具体含义是什么？父母的具体做法是什么？

_____

_____

2. 心灵种树的三条底线是什么？心灵种树的使命和信仰是什么？

_____

_____

第四章

提高孩子学业成绩——学习树

　　提高孩子的学业成绩，是每一位家长都关心的事。"战略学习法"和"上课六字法"，将学生原来"被动、碎片、厌学"的低能、低效状态转变为"主动、系统、激情"的高能、高效状态，使学生在学习中达到事半功倍的效果。金武官教授不仅给孩子心灵种上生命树、人文树、哲学树，还以亲身实践总结的学习方法，有效地解决学生考试复习的"痛点"。

网上流传着一句话：世界上最难的职业之一，就是做家长。

在单位累死累活奋斗一天，回家还得面对更艰难的"战斗"——陪娃写作业。有的妈妈在微信群里吐槽："不写作业母慈子孝，一写作业鸡飞狗跳。"当然还有我们陪读的爸爸们，一陪娃写作业，"父爱就如山体滑坡"。连知名的相声演员岳云鹏陪娃写作业都"被娃气到面瘫"。一直以来，陪孩子写作业似乎成了家长的劫难。

中国社科院教育研究所的一项统计显示，我国36.8%的家庭存在父母陪读的现象。一项对670位小学生家长的调查显示，近五成小学生回家做作业需要家长陪伴，36%的学生需要家长监督，仅一成的小学生回家后能独立完成作业。

上海浦东某小学曾做过一次"小学生学习习惯及一般状态"的调查，发现中低年级学生的学习问题可分为四种情况：一是上课好动，注意力不集中的学生占55%左右；二是一节课注意力集中时间在20分钟以下的占22%左右；三是做功课需要旁人督促的占47%；四是没有边听边记及其他记忆习惯的占22%左右。

小学生进入学校，首要的任务就是学会学习，掌握必要的科学文化知识和学习方法。因此，让小学生养成良好的学习习惯，具备必要的基础性学力，对他们今后的学习、成长、发展都是极其重要的，甚至是令他们终身受益的。然而，事实上，小学生的良好习惯及基础性学力，很难靠学生自然养成，必须靠老师和家长的引导和培养。

有些孩子在学业上表现不够好，甚至不喜欢读书、不喜欢做作业，还有些孩子感觉上学读书和写作业没有乐趣。

乐趣使大脑释放出"内啡肽"，它让孩子处于一种极为放松、无压力的状态，并且想重复这种体验，因此孩子便能自觉地学习。当孩子得到肯定或嘉奖时，大脑又会释放出"多巴胺"，这是大脑奖励机制的主要元素，也是动力的来源。而缺乏乐趣时，孩子便失去了学习的动力。

由此可见，如果孩子感觉学习没有乐趣，大多数情况是因为家长和老师没有在增添乐趣上下功夫，而是用压迫、否定、斥责、惩罚等方法驱使孩子学习。孩子会面临这几种情况：成绩不好受责骂、忘记带作业受罚、做到的得不到肯定，而做得不足则一定受批评、较少得到鼓励等。这样一来，孩子学习时自然就会产生负面的感受，因此他很难对学习产生兴趣。负面的感受如果继续加重，孩子就会逃避，对考试甚至上学都产生抗拒或恐惧心理。

在学习方面，孩子们急需一些能使他们对学习产生兴趣的技巧，例如有效而省时的记忆方法、高效的听课和写作业的方法。帮助孩子找出对他最有效的学习模式，使他学得既容易又开心，这样，孩子学得快，得到肯定，便越学越起劲，越起劲越学得好。

2011 年，上海科学技术出版社出版了《战略学习法》一书，这是金教授根据自己的亲身经历和多年的心理学研究实践，总结出的一整套高效率、高质量的学习方法。书中内容源于金教授 1982 年在上海交通大学考研究生的经历。当时他只有一个月的复习时间，要考的五门课程里，有四门是要从头准备的。这看上去是几乎不可能完成的。但实际结果是，在 34 名在职考生中只有 4 名过了录取线，金教授就是其中的一个，而且使很多考生发愁犯难的生物化学，他竟然考了全校第三名！《新民晚报》在 1998 年 4 月 6 日至 1998 年 7 月 6 日，连续刊登金教授"战略学习法"的系列文章，每周发一篇，共发了 14 篇，在社会上引起了热烈反响。许多家长、学生做了剪报，国内外的读者也纷纷来信、来电，想得到这方面的资料。在读者的强烈要求下，"战略学习法"的系列文章又在 1999 年、2002 年的《新民晚报》招考专栏上发表。后来在《新民晚报》资深记者姚老师的推动下，《战略学习法》一书出版问世，并多次再版。

这套旨在全面提高学生学业成绩的系统学习方法，其重点包括：一是树立志在必得的学习目标，从根本上解决学生的学习动力问题；二是建立有效的学习战略方法，用"隔离外界干扰、隔离脑内杂念"的"二隔离"法排除干扰，用"时间集中、内容集中"的"二集中"法克服时间分散的弊病，用"看书必动笔、动笔必编网、编网必记述、记述必反复、反复必丰富"的"五必法"高质量地把握学习内容，用"转、记、忆、预、系、集"的"上课六字法"提高上课效果，用健康载学的办法提高大脑效率。

自 1998 年至今，20 多年来，金教授应邀在大学、中学及很多教育机构做了无数场讲座介绍推广"战略学习法"，同时在好几所中小学试点运用"战略学习法"，结果显示该学习法对提高各年级学生的上课效率，对中考、高考、考研学生的成绩提升都有显著的效果。

可能不少人会感到奇怪，为什么听一次"战略学习法"报告，就能使一个人、一个班级的学习成绩得到大幅度提升？因为"战略学习法"不是东拼西凑的大拼盘，而是来自一个人亲身经历的一次考试总结，还因为它经过了长时间的酝酿、打磨，就像一个长期潜心练习书法的人，一笔就有力透纸背的效果。

战略学习法既系统又实用，它的原则和方法可以渗透到各门具体学科中，能让学生从传统的题海战中解脱出来，从而取得事半功倍的学习效果。

志在必得法

一个初二学生的家长极为兴奋地向金教授报告了一个喜讯：战略学习法中"志在必得"的理念，使她女儿在全市英语竞赛中得了一等奖。这次英语比赛，全市共有十几所外语强项学校的3万多人参加，到复赛时剩下1000多人，最后决赛时只剩100多人，而外语强项学校的学生就有50多人。来自非外语强项学校的她，用志在必得的决心，进入了决赛。在最后的决赛中，她又下定了决心，要志在必得！结果，她在各个项目中的发挥极为出色，特别是在口语比赛中，她的自信，让评委频频点头赞赏，最后，她在全市15名一等奖获奖者中名列前茅。

诸葛亮《诫子书》中有句名言："非志无以成学。"明代著名思想家王阳明说："志不立，天下无可成之事。"所谓"志"，就是我们心中确定的奋斗目标和为达到这一目标所下的决心。志在必得法有三步：第一，内心强烈地想"要"；第二，要有明确的目标；第三，要有坚定的信心和决心。

内心强烈地想"要"

心不想，事不成。

拿破仑说："我成功，因为志在要成功，未曾踌躇。"

日本著名的企业家、哲学家稻盛和夫先生说"心不唤物，物不至"，就是说，你自己内心并不渴望的事物，不可能在你身边出现，你不渴望做成的事情，也不可能变为现实。换句话说，如果你内心不呼唤，方法也不会来，成功也不会来。

只有强烈的愿望，"持续的、渗透到潜意识的强烈愿望"，才能使你的梦想成真，而且一定能使你的梦想成真，把"不可能"变成"可能"。

我们头脑里出现"想要这样做，想做成这样"的愿望时，从遗传基因层面上讲，这种愿望大体上都在可能实现的范围之内，就是说我们每个人都具备把自己的想法变为现实的潜在能力。

"你必须这么想"这句话，传递了一个真理："首先得想"。这很重要。人要做成某件事，比如要提高学习成绩，要在中考或者高考中考出好成绩，要考上研究生，首先得有"想要"的强烈愿望，这种愿望是一切事情的开始。就像植物若想在庭院里扎根、开花、结果，种子是一切的开始，是最重要的因素。

但是愿望要变为现实，随便想想的愿望是不行的，必须是"非同寻常的、强烈的愿望"，这一点很重要。"如果能那样该多好啊"这种淡然的、可有可无的、不迫切的愿望不行。

愿望要强烈到促使你睡觉在想、醒了也想，一天24小时不断地想。从头顶到脚底全身充满了这种愿望，抱着这样的愿望，聚精会神地、一心一意地、强烈而透彻地进行"死磕"，这就是考试成功、事业成功的原动力。人要将不可能变为可能，必须坚信目标一定能达到，并付出不懈的努力，朝着目标奋勇前进。

要有明确的目标

经历过中考、高考复习的同学，都了解个中的艰辛，而现实又往往十分残酷，有时必须接受不愿接受的结果。人因为害怕失败，便不愿为自己设立明确的目标，由此也失去了强有力的、足以克服各种困难和不良情绪的学习动力。

因此，茫然、焦虑等消极情绪困扰着众多考生。他们面对考试，没有"我一定要考上某某学校"的志愿，而是抱着试试看的态度，如此也就难有必胜的信心。

有了目标，学习起来才能一鼓作气。志不立，人生的步伐又该从何迈起呢？

越是重要的时刻，越需要明确的目标。那些经历挫折，并在风雨之后看见彩虹的学生，有一个共同点，那就是坚守自己的理想，从不动摇。因为他们已经认识到，只要有目标，即便艰苦也是充满希望的；只要有目标，即使失败也能重新站起来；只要有目标，梦想终有一天会成真。你确立了想要实现的目标，它会马上开始影响你的行动，会给你意想不到的能量。它牵引你迈出第一步后，你将像那停留在铁轨上的火车，一旦启动，便一往无前地向远方奔去。

请记住歌德的这段话："一旦某个人真正做出承诺，进行自我约束，天意就会降临，所有事情将顺着他，决不会有相反的情况出现。一旦做出了决定，各种无法预见的事情就这样让他心想事成。"不管你能做什么或者想做什么，现在就开始吧！勇敢的精神自有天助，其中自有它的力量和魔法，让我们现在就行动吧！

要有坚定的信心和决心

中考、高考是人生的十字路口。

在求学的前9年，每一个人的经历都大同小异，都是被推着向前走，不需要作什么选择，故而求学道路始终是一条直线。但中考之后，人生中的十字路口便接踵而来，我们开始面临选择，其中有两个重要的十字路口，就是中考和高考。十字路口意味着两种甚至更多的可能性。

中考、高考还是对人的意志、承受力等与成就事业息息相关的品质的考验，是一次思想上的历练。人面对沉重的心理压力，能否稳定心态，凭着坚定的意志走过这两个十字路口，特别是遭受挫折与失败时，是否能坚定地走过去对于自我人格的塑造有着极大的意义。因此，在这两个十字路口，学生不仅要为未来做出选择，更可借此机会使自己成熟起来。

我们确立学习目标之后，随之而来的便是如何实现目标，进而取得成功。暂且撇开方法不论，我们首先必须有必胜的决心。每个人在奋斗时，都可能会遇到挫折。如果没有足够的决心，就可能会在最痛苦或最关键的时刻选择放弃。这时候决心就显得相当重要，它对于行动有促进作用，推动人们勇往直前。只要有决心，有顽强的意志和必胜的信念，那么，还有什么困难是我们无法克服的呢，又有什么目标是我们无法实现的呢？

上海一位学生在高考前的几次模拟考试中成绩均不理想，别人认为他考上北大根本是一种奢望。他当时冷静分析了自己的成绩，把一切与高考无关的事抛在一边，集中精力复习。结果他不但考上了北大，还成为当年上海市的文科状元。究竟是什么使他成功了？最关键的是两个字：决心。

众多成绩优秀并在关键考试中如愿的学生，大多数提到了决心，或者说是信念与意志的重要性。一名一心想要考上南京大学研究生的学生排除一切私心杂念，每天三点一线，教室—食堂—宿舍，这样的决心，他自己称之为"疯狂"。近几年来考研出现热潮，全国多少学子渴望一步登顶，但由于绝大多数人不具备必要的决心，总认为自己达不到、做不好，缺乏对目标的渴望与坚持，以致最终功亏一篑。那些有决心的人，才能在最后时刻凝聚力量，奋力一搏，最终梦想成真。

就像马丁·路德·金说的："这个世界上，没有人能够使你倒下，如果你自己的信念还站立着的话。"

"是决心，而不是环境决定你的命运。"成功离不开明确的目标，但很大程度上依赖于坚强的意志与坚定的决心。唯有那些在考试中有必胜信念的人，成功才会眷顾于他。

志在必得，体现了一种自信。心理学研究表明：当一个人充满自信时便会产生一种愉快的情绪，会干劲十足，同时，大脑皮层会产生兴奋中心，从而大大提高学习效率；反之，则会产生消极悲观、烦闷急躁的情绪，头脑反应迟钝。因此，对每一个初三、高三的学生来说，不论是复习的日子还是在考场上，即使屡遭挫败，也不要怀疑自己。

有些同学平时成绩不错，总以为自己考上大学没有问题，便开始松懈，"大意失荆州"，最终名落孙山。这些失败者总结教训时，都把"在最后一刻犹豫，不能坚持到底"归为失败原因之一。相反，有些同学平日里成绩一般，但由于他们有决心，能不断提醒自己，鞭策自己，勉励自己，最终取得了意料之外的成功。

著名作家、教育学家韦尔森·雪佛说过这样的话："有理想没有行动是一个梦想，有行动没有理想是一种浪费，理想加合适的行动可以改变整个事情。"无论目前你的学习成绩如何，只要有决心，相信你会成功的。

 思考练习题

1. 你的孩子学习成绩如何？在学习时，他有自己的学习方法吗？他对于未来有明确的目标吗？

2. 王阳明说："志不立，天下无可成之事。"提高学业成绩非常重要的一点就是要立志。在战略学习法中，志在必得法非常重要，具体包括哪些内容？

上课六字法

有一位江苏省理科状元说："在学习中，我最看重的是课堂听课，只有抓好课堂才能谈得上课后。"另一名河南省的高考状元说，无论理科还是文科，都要重视课堂学习。高考大部分考题还是基于课本知识的，课堂就是这些知识点的总汇。理解老师讲的每个知识点是关键。因此，重课后轻课堂实在是本末倒置的做法。

从各种调查中我们发现，高效率的课堂学习是取得优异成绩的保证之一。

在课堂学习的过程中，学生大多扮演着被动接受的角色，大部分时间依赖于教授者。如果能在这种被动的状态下激发出学生的主观能动性，使他们从被动者转为某种程度上的主动者，那么，学生听课的效率自然会大大提高，同时也能使复习变成一个较为轻松的过程。

上课六字法是从学习心理的实践中总结出来的，意在帮助学生达到最好的上课效果。这六个字分别是转、记、忆、预、系、集。

转

整节课，眼睛、耳朵始终跟着老师转。老师走到哪里，学生的眼睛、

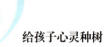

耳朵就跟到哪里。

上课时，学生不断接受知识，接受的情况与"第一印象"紧密相关。一条新的定理、一篇新的课文以及学生接触到的任何新知识，都会在他们脑海中留下第一印象。若第一印象清晰、准确，新知识就能在大脑中保存较长的时间，若第一印象是模糊的，那么新知识就会变得不稳定，并很快会从头脑中消失。

第一印象的形成与眼睛、耳朵有密切的关系，二者是外部世界通向大脑皮层的门户。如果上课时这两扇门是关闭的，或者二者只开其一，就无法形成清晰的第一印象。由于第一印象的清晰与否在一定程度上决定知识在大脑中的存留时间，决定学生对课堂内容的吸收情况，必须坚持眼睛、耳朵同时转。

考入北大的一名湖南学子认为，上课认真听讲对于课堂知识量大、老师讲解速度快的高三学生尤为重要。上课时间哪怕走神一秒钟，也会让自己的知识体系不完整。一些学生注意力不集中，忽视课堂学习，自以为知识已掌握，但在做作业时却不知从何做起，因此课后不得不重新学习。长此以往，浪费时间的情况较为严重，也不利于以后的学习。

一位理科状元谈到自己的课堂经验时说："课堂上我的注意力特别集中，眼睛跟着老师转，老师都说被我盯得心慌。这样听讲效果才好。"河南省一个理科状元更是提出，对于老师讲的话要一字一字地听，不让任何一个字从耳边溜走。或许有些人觉得这过于夸张，但就是这种专注的课堂学习帮助学生取得好成绩，成为学生成功的秘诀之一。

记

老师讲课的时候，学生要有意识地记，有意识地背。

心理学实验证明，人在看或听一些内容时，是否有意识地记，效果相差30%。听而不记，如同雪泥鸿爪，即使偶尔留下些许痕迹，也不过是只字片语罢了。听而又记，专心致志，才能把听来的学问归为己有。

一位江苏省高考状元认为，课堂的学习效果是补习班无法比拟的，对老师的讲课，包括例题，应选择重点、难点去记。很多成绩优秀的学生并不像别人认为的那样用功，他们也很少"开夜车"，关键就是他们在课堂上已经理解并记住了老师教授的知识。正如南京理科状元所说，"记"使自己在课堂上能完成大部分的学习任务。

有些学生虽然眼睛、耳朵也跟着老师转，但当老师提问时，却发现脑袋空空如也，问题的关键就在于没有掌握"记"的环节。"记"与"转"同时进行，才能使各类信息在课内最大限度地刻在头脑中。到了初三、高三，基础知识已教得差不多了，上课时间老师大多会用来讲解习题。学生在理解的基础上，应该对解题技巧而非某一题的做法加以记忆，要举一反三，以减少课后的复习时间，进而取得事半功倍的效果。

忆

根据心理学上所说的"艾宾浩斯"记忆曲线，遗忘有着先快后慢的规律。因此，适时回忆相当重要。

"忆"，要求学生分别在三个时间点进行回忆：一是在课上，当老师讲课停顿或写板书时，赶快回忆一下老师刚才所讲的内容；二是在课间，花几分钟回忆一节课的主要内容；三是回家后，用 20 分钟左右的时间回忆一下当天所学的主要内容。

每一次回忆，都在遗忘即将发生时，这样就可以把即时、短时的记忆转化为长期记忆。"忆"如同联系课堂与课后的锁链，是对课堂内容的小结，每一遍用时虽不多，但由于反复回忆，就会印象深刻。重复是记忆的关键，回忆之余还能进一步进行思考，得到新的收获。

预

预习，这个我们从小被老师要求培养的习惯看似简单，要做好并发挥它的作用却也不易。"预"，即课前把将学的内容预习一下，并找出问题，然后带着问题去上课。

不预习，老师讲的每一句话都是陌生的，每一分钟注意力都要高度集中，大脑容易疲劳，继而影响听课的效果。若是做好了预习工作，上课会相对轻松。

科学实验证明，同一个内容，如果能在适当的时候反复接触，就能使之长久留在头脑中。其间的第一次接触是预习，此后则是上课及三次回忆，加之第三天、第七天的再次复习。成绩优秀的学生，往往都有预习的习惯。云南省高考状元把课前预习作为良好的学习方法，预习时记住难点，听课时再加以理解，而那些已经明白的知识点，则要与老师的讲解相比较，找到自己的缺陷，拓宽思路。他的预习并不是走马观花，而是反复琢磨，仔细推敲，将自己无法理解的地方做好标记，上课时作为听课重点。在他坚持不懈的努力下，最终在高考中获得物理满分的好成绩。

预习能培养学生自学及独立思考的能力，让学生更快融入课堂；带着问题学习则使学生对课内知识更有兴趣，也更为主动。

系

系，即系统学习法，指的是上完一天课，把所学的内容分门别类归纳整理成系统；双休日则把一周所学内容归纳整理成系统。几乎每一个成绩良好的学生都注重并擅长知识体系的整理。

有人说：智慧不是别的，而是一种组织起来的知识网络与体系。

比如，高考复习要从专题入手，构建牢固的知识网络，做到知识的融会贯通。可以说，一门课程就是一个完整的系统，尤其是理科，各部分的学习都是相互联系的，这就决定了我们对学过的知识必须彻底全面地理解和掌握。

举例来说，做几何题时必须灵活运用各条定理、公理。解物理题时，要在力学、电磁学间来回穿梭，这就需要学生对学科有一个整体的把握。运用好系统学习法，学生才能切实掌握一门学科而不仅仅是一个定义、一条定理。系统学习对于答好目前越来越受重视的综合题尤为重要。由于涉及某一学科的多个知识点，在解题时甚至要横跨多个学科，一些学生对单一知识点的题目驾轻就熟，但面对此类综合题，则会茫然无措。而那些平时基础扎实，善于联系的学生就不会被难倒。

集

集就是集中时间，集中内容。所谓集中时间，就是学生回家做作业时，要集中把作业做完，不要做做玩玩，一会儿做做作业，一会儿削铅笔，一会儿吃东西，时间都被分散了，将本来1个小时可以完成的作业花3个小时完成。

集中内容，就是不要10分钟写作文，10分钟写数学，10分钟复习语文，这样把学习内容分散开，很难取得好的效果。我们要求做完语文，马上复习语文。

为什么要做到"集"？因为人在记忆的时候，大脑内的蛋白质会发生变化，即神经细胞与神经细胞之间会产生一定物质上的联系，这种联系需要一定的时间才能建立，时间不到，刚建立的脆弱联系会很快被后来的事情打断，导致前功尽弃。所以不但要集中时间，还要集中内容。

上海浦东某小学引进了心灵种树体系，并着重将战略学习法中的"上课六字法"引入课堂。学校用了四个学期后，将四个实验班的成绩与原来比较，通过对比四个学期的实际数据，可以看出这四个班级的学生发生了很大的变化：第一，学生注意力水平有了很大的提高；第二，学生学习成绩有了显著提升；第三，学生基础性学力得到了提升。

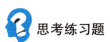 思考练习题

高效率的课堂学习是取得优异成绩的保证之一。在课堂学习的过程中，上课六字法可以帮助学生达到最好的上课效果。这六个字分别是什么，其具体内容是什么？

_____

_____

作业四步法

怎样使规划好的时间最大限度地避免被干扰？又怎样使这些不受干扰的时间得到最佳利用？有什么方法能够使学生将复习内容看一遍就记住，记住就尽可能保持？

学习不仅要靠能力和勤奋，也要靠有效的学习方法。

法国 17 世纪杰出的数学家和哲学家笛卡尔说："最有价值的知识是关于方法的知识。"

当你打开书本准备写作业或者复习的时候，如果周围环境嘈杂，你不可避免地会受到干扰。

人不是生活在真空里，每时每刻都会受到外界的干扰。人的大脑有 140 亿个神经元细胞，清醒时，一瞬间就有数百万条通路在同时传递信息，产生无数的杂念。

当你在写作业或者复习的时候，为了最大限度地避免内外干扰，集中注意力，可以采取四步法：第一步，隔离外界干扰；第二步，隔离脑中杂念；第三步，集中时间聚焦；第四步，集中内容歼灭。

隔离外界干扰

创造安静的、固定的学习环境，与外界干扰隔离。

这里所说的隔离外界干扰有两个层面的操作：一个是物质层面的，一个是精神层面的。

物质层面的操作是指尽量使自己置身于一个没有外界干扰的学习环境之中。这点可以通过控制我们的环境，创造一种安静的、固定的学习地点的办法来实现。安静的环境是个人学习的基本条件。养成在同一个地点学习的习惯，无论怎么说都是有好处的。书和资料就在手边，不用从一处搬到另一处。熟悉的房间为学习提供良好的气氛和刺激，并且，让你的亲人和朋友了解你在学习的时间段内不希望被人打扰。

但有些学生虽然也有适合学习的书房，却感到很难在那儿学习。

在书房里可能放着音乐，或放着随手可得的美味食品或饮料，这些都很容易使人分散注意力。约翰森博士写道："集中而连贯的注意力，只能保持很短的时间。当一个人把自己关在屋里、全神贯注在一些难解的问题中时，他会发觉，他的意识在不断地偷偷溜到其他更有趣的事情上去。"

有些人可能感到在图书馆里学习比较容易些。有研究表明：习惯于在图书馆学习的学生比那些不习惯在图书馆学习的学生成绩要好。看到别人正在读书学习，有时能使人更容易安下心来学习，行为也更受约束；并且，图书馆里有严禁说话的规则。所以，如果你容易受到外部环境影响的话，你就会感到，在教室、图书馆学习更会安心。

要保证学习、复习的过程尽量在一个安静整洁的环境中，良好的环境往往会加深记忆，对学习、复习的效果起到良好的促进作用。

精神层面的操作是指我们在学习、复习的过程中的自我专注。专心治学是一个人长时间才能形成的良好学习习惯。由于初中、高中阶段是个体塑造、定型的关键时期，因此，在这个时期一定要注重自我良好学习习惯的培养。专注可以在很大程度上提高学习、复习效率。

隔离脑中杂念

隔离脑中杂念，是提高学习效果的法宝。

很多学生在做作业时，脑子里会产生与作业内容无关的遐想；有时还要面对各种诱惑，比如随手拿起手机刷刷抖音、看看微信朋友圈，趣味十足的内容令你禁不住想把它看完，可是这些总也看不完，时间却在消逝，还有那么多作业没做、那么多内容没有复习，于是开始焦虑。

我们可以用意志战胜诱惑。一位名人说过，智慧就是忽视的艺术。用意志来忽视那些与复习内容无关的事情，战胜诱惑。

　　还可以用目标战胜杂念。目标是人可以集中思想和精力进行学习与复习的重要内在动力，当我们树立了明确并符合我们自身条件的目标后，我们就会不懈地、全神贯注地朝着既定目标不断努力，直至取得最后的成功。

集中时间聚焦

　　集中时间，给时间做乘法。

　　告诉自己这部分内容在规定的时间内没做完，脑子不许想别的事情。

　　集中时间会产生惊人的效果。你会发现，原来一个个很难理解的定理、公理，集中时间后，理解了；原来许多很难记住的内容，集中时间后，记住了。

　　分散时间等于没有时间。

　　集中多长时间才合理呢？这要根据学生年龄的具体情况而定。在一般情况下，小学生集中学习时间为1小时，初中生为2小时，高中生为3小时。在中考、高考这样的非常时期，最少不能少于3小时，如果到了3小时，你感觉还有精力，则可延长到4或5小时。

　　学习3小时，并不是说3小时一动不动地坐在桌前，你也可以在屋里、屋外走走，也可以在沙发、床上躺一会儿，但脑子不能离开所学的内容，去想别的或者做别的事情。如果你要去想别的、做别的，除非有特殊或者紧急情况，否则要尽可能等时间到了再换。

集中内容歼灭

现在普遍流行一种说法，说学生长时间复习同一学科，脑子会疲劳，建议学生在复习一门学科一段时间后换另一门，如复习数学一段时间后，可以转而复习英语，这样效果好。

这是一种误导。**许多有关记忆的实验证明，对于机械记忆内容，间隔的复习往往胜于集中学习；而在概念形成的学习中，以及在掌握解决问题的技能、技巧并形成规律的学习中，集中练习效果更好。**例如，学习某类题型的一般解法，集中练习比分散学习效果好。

打个比喻，内容集中复习就是集中优势兵力，各个歼灭敌人。

内容集中就是指在一个单位时间，比如几个小时、一天之内，只安排一门课程的复习，这门课程没有彻底拿下之前绝不复习第二门。同时遵循"三不原则"：内容没有理解绝不往下进行，没有记住绝不往下进行，没有完全复述绝不往下进行。即集中复习的课程中有一节没有达到完全复述出来的程度，绝不往下复习。一门课程没有达到合上书本，能从头到尾复述出来的程度，也绝不复习下一门课程。

"分散"复习，还是"集中"内容复习效果大相径庭。有初三、高三的学生改用集中内容复习后，效果明显好了许多。他们说原先那种担心、焦虑的情绪也大大减轻了，人一下子感到踏实了。

 思考练习题

1. 你的孩子在写作业时的表现怎么样？你认为是什么原因影响了他

的专注？你是怎么处理的？

_____

_____

2.在写作业或者复习的时候，为了最大限度地避免内外干扰、集中注意力，可以采取作业四步法。这四步具体指什么？

_____

_____

复习五必法

考试前的复习需要学生在极为有限的时间里复习极为丰富的内容，这就要求：复习一遍就要理解，就要记住；记住就要保持；复习既要快，又要踏踏实实。复习"五必法"是高效复习的武器，"五必法"离不开学习记忆规律，它自始至终贯穿一个战略思想：快而实。

看书必动笔

我们在学习，尤其是复习过程中，会遇到许多需要记忆的内容，面对这些复杂的知识，动笔是一种加强记忆的良好方法。看书必动笔，即在学习过程中用做笔记的方法加深对学习材料的理解，以对所学的内容印象深刻。

当我们坐在桌前，打开书本开始复习时，手中必有一支笔，笔下必有一沓纸。我们要一边看，一边思考，并把经过思考后概括的重点、要点记在纸上。看一句提炼一句，看一页提炼一页。就这样，书看了一遍，也等于把书写了一遍。当然，这个写不是平时的那种写，亦非记上课笔记那样的抄录，而是一字一句经过脑子思考，完全理解后，再用自己的语言写下来的。

"好记性不如烂笔头"，在复习时，各科应尽量都做笔记。虽然做笔记很费时，但如果只看而不做笔记，知识的框架就难以构建，下次再复习时就无所依着。

笔记对最后一遍复习能起到提纲挈领的作用。同学们在考前半个月左右几乎不可能把各科的书都翻出来再看一遍，只能挑自己认为重要的看，也就是所谓的"查漏补缺"，那时候最需要的就是笔记了。

动笔不仅可以帮助我们更好地理解所阅读的内容，还在纸上留下了清晰的思维轨迹，使我们理清了知识脉络，更便于日后的查阅、复习及查漏补缺。

有的考生可能认为，如此动笔太费事、太费时。他们图快，一目十行，囫囵吞枣，但到头来还是要返工，结果是欲速则不达。动笔虽然会使复习速度减慢，但极为踏实，复习一门是一门，结果是似慢实快。

动笔必编网

通过动笔提炼出书上的要点、重点。它们不是孤零零地出现在纸上的，而是用线条互相联系在一起的。比如，以竖线条表示因果关系，上为因，下为果；以横线表示各部分内容的并列关系。这样，就把原来书上一行行用文字叙述的内容转变成为精炼的图示。

这就是动笔必编网。编网就是将一门学科的知识点、原理、公式，按其内在的逻辑联系显现在纸上。

编网可使分散、零碎的知识点变成知识网，用科学而高效的方法做到"点面结合"。

编网的实质是一个系统复习、整理知识的过程。为了应付考试，有的同学往往要到考试前才被迫进行系统复习，这样效果当然不好。而那些优秀的学生，他们在平时就经常自觉地进行系统的复习，因此考前相对轻松，成绩也更好，所以，编网不是一时兴起的行为，而要渗透到每天的学习中。

希望同学们无论是在上课、做题，还是在复习时，都要有这样一个意识：编网！将零零碎碎的知识片段编成一张严密、系统的网。

当考生拿到试卷，这试卷上的考题就好像是海里游来的鱼，做题就是捕鱼，考前的复习则是在准备捕鱼的工具。人捕鱼，通常用的是鱼钩或网。用鱼钩，只能钩住一条，其他鱼都从鱼钩边跑掉了；而用网则可一网打尽。

通过动笔，将每门课程都编成了一张完整、系统的网，焉有漏网之鱼？所以，当你拿到考卷时心里一定会乐：所有的题目都在我的知识网里！

编网必记述

通过动笔，我们从书本繁复的内容中提炼出筋骨，并按其内在的逻辑联系编成了一张系统的网。但这张网还只是纸上的网，它只是复习的一个中间阶段。下一步，也是更重要的一步是把这张纸上的网移植到脑子里。移植的方法是记述。记述有两个含义：一是记住，二是复述。

记住

复习的最终目的是记住知识。既然早晚都要记，那么晚记不如早记，模糊地记不如精确地记。

复习时，眼、脑、手并用。你要一边理解，一边力求记住。当还没有完全理解、记住时，绝不可进行下一句。

记忆力是智力的一个重要组成部分。学生在学习阶段要有强烈的记住知识的意识。养成记忆的习惯，将会终生受益。

复述

合上书本，你要在另一张纸上用编网的方式快速地复述一遍。然后，你要与原来那张纸上的网对照一下，如有遗漏或错误，立刻把这部分记下，随后再次快速地复述一遍，直到能准确无误地复述出来，才进行下一个阶段的复习。

培根说："在阅读任何材料时，如果你读上 10 遍，同时经常试图回忆这些材料，在你回忆不起来时再去看书，那么记住这些材料比单纯阅读 20 遍要更容易。"

1. 自我口述法。

运用口头复述的方法，根据复习任务把主要意思说出来。使用口述法，一定要及时对照，及时纠正错误。较长的材料可分段口述。若能使用手机录音，可以先把口述内容录下来，然后对照材料放录音，在错的地方或遗漏的地方做个记号，接下来再重点识记这部分内容。我们平时背诗歌、背口诀、复述故事等都是运用口述法。运用此法可以调动听觉，效果较好。

2. 自我笔录法。

这种方法要用笔把自己回忆起来的材料记录下来，然后再和原材料相互对照以纠正记忆错误的地方。我们平时默写单词、诗词、公式、定理等都是自我笔录法。运用此法手动眼看，可以同时调动运动觉和视觉参与记忆。

3. 自我默忆法。

这是在大脑中进行回忆的方法。例如，课堂上我们学了一篇课文，课后我们就可以在脑子里回想一下：这篇课文的中心思想是什么？结构和修辞手法有何特点？有哪些生词？如果想不起来，就立刻翻书、看笔记，或者问问老师、同学。

这种方法比较灵活，不会受到场所和工具的限制，课间休息、散步、躺在床上都可以进行默记。

现在的考试绝大多数是闭卷，这就决定了一个考生成绩的好坏，不是看他在考前做了多少题、看了多少书，而是取决于他记住了多少。因此，记是复习的核心环节。而大脑是不是记住了，记得是不是准确，要有一种方法去检验，这个最佳的检验方法就是复述。

记述必反复

通过记述，我们记住了知识，但因为不是马上就考试，这期间，还要复习其他科目，这样曾经记住的东西就会逐渐淡忘。那么，怎样防止遗忘呢？那就是记述必反复。

循环反复

完成第一自然段的记述后，你才可以进行第二段。在完成第二段的记述后，你要立即将第一段、第二段连在一起复习一遍。完成第三段后，你要再把第一、二、三段一起复习一遍。如此循环反复，直至一节完成。所有章节的复习也依此法进行，直至最后完成整门课程的复习。

这样做的结果是：尽管第一章是一段时间以前复习的，但在复习到最后一章时，你依然记得很牢。这样一种循环反复的复习方法可以使同学们在"知新"的同时进行"温故"，从而保证了对整体内容记忆的全面性，提高了复习的整体效率。

定时反复

整门课程复习完后，再进行复习时，不一定要完全按照书上的章节顺序进行，要按其内容的内在联系进行调整。

如果反复严格地按照避免遗忘的规律进行学习、复习，就能用最少的时间，记住大量的内容。这样就避免了学生经常犯的毛病：记—忘—再记—再忘。金武官教授当年考研时，最先复习的是生化，一个月后，他仍然可以只用两个小时，就把一本厚厚的生化书的基本内容、复杂的结构式，从头到尾准确无误地写下来。

动笔、编网是播种，记述是收获。只动笔、编网而不记述，等于只播种而不收获。反复则能保持收获的成果。只记述不反复，好比猴子掰玉米：辛辛苦苦掰下了玉米挟在腋下，却没有保持住，掰一个，丢一个，结果空手而归。

德国哲学家狄慈根说："重复是学习知识之母。"反复的重要性不亚于学习新内容。无论学习什么材料，如果想精确地、长久地记住，必须不断复习，才能达到目的。

反复必丰富

当你编好网再做题时，不但做题速度会很快，而且这张学科网就像一面镜子，立时照出你的薄弱环节：你在哪里容易出错？你的难点在哪儿？然后集中解决这些问题。你的时间和精力都用到了刀刃上，这样做题的效率就会大大提高。一些高考考得好的学生在谈及自己的成功体会时，都有类似的经验。

几乎每一位老师都会向自己的学生强调"题不二错"的重要性。不只同一道题不可再错，同一类型的题也不可再错。所以，明智之举是在学习、复习的过程中建立自己的"错题本"，用来记录自己曾做错或易做错的各类题型。通过分析错题，可以明白自己的薄弱环节在哪儿，便于更好地查缺补漏并加强对弱势部分的训练。

据许多高考考得好的学生和中考考得好的学生透露，他们在复习时一个最重要的法宝，即"易错题本"。该题本总结归纳了他们在平时学习、复习、测验、模拟考试中容易做错、命题新颖、实战性强的典型习题及其解题思路与技巧，同时还涵盖了他们在涉猎大量课内外辅导资料、报刊过程中搜集到的经典题型。这种"易错题本"的特点是：覆盖面广、选材独到、针对性强、区分度大、切题率高、实用性好。正因为如此，他们才能在复习中事半功倍、受益匪浅，大大提高了复习效率，从而在中考、高考中一举夺魁。

 **思考练习题**

1. 你的孩子在考试前的状态是什么样呢？他有一套自己的复习方法吗？效果如何？

_____

2.考试前的复习对于最后能否取得好成绩非常重要，"复习五必法"是高效复习的武器。"复习五必法"具体包括哪些内容?

_____

_____

案例：两小时改变一个班级

多年来，金教授获得了大量的反馈，真正把战略学习法的全部或部分内容应用于学习的人，都反映它是一种有效的、事半功倍的学习方法。成功运用战略学习法并考出好成绩的学生有很多。

案例一：战略学习法让她进了美国马里兰大学

这是一位母亲的叙述。

"我女儿中学时在一所市重点中学上学，成绩一直名列前茅，大学时上的是上海交通大学。她父亲是清华大学研究生毕业，在她很小的时候就教她读书、做人，所以她与父亲感情极好。父亲不幸去世，她极为悲伤，神思恍惚，学习成绩一落千丈。在强手如林的上海交大，她拼命想把学习成绩赶上去，却又力不从心，强烈的失落感时时缠绕在她心头。于是，她焦虑、忧郁，晚上睡不着，白天无精打采，一步步向精神崩溃的边缘滑去。

"看到女儿如此状态，我万分焦急。我决不能失去了丈夫再失去女儿。于是，我四处求医。一次偶然的机会，我在百度上看到了金武官教

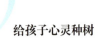

授的介绍，于是提笔给金教授写了一封信。没想到几天后，金教授就约我们去做心理咨询。他给我女儿进行了全方位的心理疏导，后来又让我们去一所中学，听他在那里做战略学习法的演讲。这个演讲成为我女儿发生明显变化的转折点。

"从此以后，在学习上，她坚持按战略学习法的原则去做，同时按金教授'每天必须慢跑半小时'的要求，坚持每晚跑步。就这样，通过金教授调整心态、改进学习方法和跑步三种方法的干预，我女儿的焦虑得到了有效的缓解，心情完全放松了，成绩大幅度上升，考了全年级第九名，并直升研究生（考到前50名可直升研究生）。随后，她又考取了有全额奖学金、硕博5年连读的美国马里兰大学。到了美国后，她一下子选了四门选修课，因为她坚信战略学习法可以让她在短时间内掌握大量的内容；同时坚持每晚游泳。尽管学习非常紧张，有时会觉得很累，但一运动，立刻又恢复了精神。她现在成绩优异，生活愉快。"

案例二：休学近两个月，成绩竟然达到年级第三名

上海南汇有一名初三学生，她在六年级时父母离婚，之后便与下岗的父亲艰难度日。她认为自己是世界上最不幸的人，脸上从来没有笑容。在初三一开学就得了癔病昏厥，两个月昏厥了70次，一昏厥就送医院抢救，医药费花了一万多元。眼看这个家庭就要陷入绝境。后来她父亲带她找到金武官教授寻求心理求助。金教授为她做心灵种树的心理干预，使她认识到生命是何等幸运与宝贵，她从此不再昏厥。

学习上，她从小学四年级起，每逢考试就要开夜车到凌晨2点，而她父亲也要陪到很晚，父女俩筋疲力尽。而这次，她因病休学近两个月，

学习还能继续吗？

正好金教授在南汇举办了一场战略学习法的演讲，她听了之后，就用编网法代替了原来的死记硬背、钻题海的方法，立刻感到思路清晰，短时间内就掌握了大量内容。在这次期末考试前，她最晚11点就睡了，而考试成绩竟然上升到年级第三名，这让她父亲惊叹不已。他父亲说："是战略学习法把孩子从学习的苦海中解救了出来。"

案例三：两小时改变一个班级

两小时改变一个班级——这并不是天方夜谭，而是发生在上海浦东一所中学初三（7）班的真实故事。该班班主任秦老师目睹了全过程，对班级仅仅听了两个小时的战略学习法的讲座就立即发生了全面、彻底的变化惊叹不已。以下是她的亲笔描述。

我在浦东一所重点中学任教，并担任初三毕业班班主任。一个偶然的机会，我和班内全体同学聆听了金教授的战略学习法报告。

班里有个男生跟不上课，各门功课都要请家教，但学习成绩提高并不快。他母亲打听到金教授有专门针对青少年学习类问题的心理门诊，想带儿子去咨询，无奈儿子临近毕业，抽不出时间。金教授得知后，爽快答应抽空来浦东。于是我们全班同学都得以听到了战略学习法。当时，尽管已到放学时间，教室里却座无虚席、鸦雀无声。同学们被战略学习法深深吸引了。

同学们后来在写感想时，几乎都提到：战略学习法使他们真正懂得了"人生的奋斗目标要远大"。

魏敏同学说："战略学习法对我影响最大的就是立志，志当存高远。现在我不仅要有一张重点高中毕业证书，到22岁要有大学本科毕业证书；我还要在学生时代建立一座完整的知识大厦，供我在人生道路上随时取用。"

战略学习法不但在立志和明确学习目的性上对学生有帮助，还对学生提高学习成绩有帮助。

丽君同学说："我们许多同学以前没有较好的学习方法，总是被动地跟着老师学习。老师叫我们怎么做，我们就跟着怎么做，总认为努力、勤奋是最好的、唯一的学习方法。听了讲座后，每个同学都照着金教授讲的进行了尝试。在以后的几次古文测验以及其他科目的测验中，同学们的成绩都有了明显的提高。"

同一语文老师任教的两个班，另一个班的语文课基础明显高于我们班，但我们班听了战略学习法讲座后，成绩全面超过了另一个班。贾峰同学对此深有体会，他说："听了战略学习法讲座后，我知道复习功课要一个时间段一个时间段地进行，要集中时间。以前，我总是一会儿复习语文，一会儿复习外语，一会儿又复习政治，有时候一个小时内会换三门功课来复习。我这样常常是复习时间很长，又很累，效果很不理想，刚刚复习完，一会儿就忘了，只留下一个大概的印象；就算记住了，也只能维持一个星期，双休日一过就全忘了，只好再背。这样很浪费时间。这次古文测验，我就采用了金教授讲的'集中时间法'。在双休日，我每天把门关上，独自在房中连续复习两个半小时。这样就把古文记住了，剩余的时间复习一下其他功课。一星期后，我仿佛又把古文忘了。于是，在第二个双休日，再连续复习两个半小时。可是这次感觉和以前大不一样，我只用了半个小时就复习完了。'集中时间法'使我节省了许多时间，可以用来复习其他功课。我原来最怕要背的知识，最怕古文测验，六七十分是经常事，不及格也有过。成绩上不去，就伤在语文上，妈妈急得到处为我请家教。其实，我觉得只要静下心来，肯用功，加上学习方法得当，提高学习成绩是不难的。战略学习法对提高学习成绩的确很有效。"

在听完战略学习法讲座3个月后的中考中，我们班成绩从原来8个毕业班的第七名一跃而至第二名，进入重点高中的学生达27人，超过了原来名列前茅的班级。

我认为金教授的战略学习法是一种科学的学习法。它从学习实践的目的性，到"隔离、集中"的自觉主动性，从动笔编网的"纲举目张"，到符合记忆规律的"记述反复"，构成了环环相扣的学习系统工程。按照此方法做的同学，学习上都能达到事半功倍的效果。战略学习法也大大丰富了我教育学生的手段。以前，我对学生教育，总是就事论事，对学生提要求多，给方法少；上门家访，大部分时间用在向家长反映学生在校的表现，然后要求家长配合，但怎样指导家长教育孩子也只是笼统地讲讲，缺少具体的方法。现在，我感到有话可讲，有法可教，充实多了。在新带的初二班级的两次家长会上，我用战略学习法中的部分内容给家长和学生上了两次课，受到了家长的热烈欢迎。家长说，他们从来没有开过这样的家长会，希望以后多开这样的家长会。

古人云："工欲善其事，必先利其器。"学生的主要任务是学习，要想学习好，一定要掌握高效的方法。在这棵学习树上，志在必得法、上课六字法、作业四步法、复习五必法等都可以帮助学生提升学习效率、提高成绩。同时，家长要引导孩子注意身心调整，健身载学，激发孩

子的智慧和意志力，专心地做好面前的每一件事。告诉孩子，当肩负起创造未来的使命时，无论面临怎样的现实，只要打开心窗，我们的面前就会是一片美丽灿烂的风景，人生的旅途会因为我们的努力而变得更加精彩！

 思考练习题

试着让孩子在学习中运用志在必得法、上课六字法、作业四步法、复习五必法等方法，每周记录孩子的变化。

_____

_____

第五章

良好有效的亲子技巧——沟通树

赞美、倾听、共情，这是家长与孩子进行良好沟通的三件法宝。家长要用到"心"的层面，与孩子的内心世界进行沟通，与孩子建立更深的联结。家长放下自己要"讲道理"的欲望，用心体察孩子的感受和情绪，让孩子感觉到被理解，孩子自然会向家长敞开心扉。当形成平等交流的氛围，家长所表达的，孩子也会接受，会变得更"听话"。家长把"三法宝"变成习惯，随时随地运用，就会收获惊喜。

如果有一个产品，可以时刻告诉你孩子的身体状况、环境安全状况，屏蔽外部不良刺激，你想不想要？

在国内有着较高收视率的英国系列电视剧《黑镜》中有一集《方舟天使》，讲述了这样一个故事。

玛丽是一个单亲妈妈，她含辛茹苦地抚养着女儿萨拉，并对女儿倾注了自己全部的爱。萨拉很小的时候，在玩耍时走丢了，玛丽哭得撕心裂肺。等找到女儿时，她仍心有余悸。有了前车之鉴，玛丽决定不再让女儿受到一点儿伤害。她听说了一款叫"方舟天使"的高科技产品——将检测器植入小孩体内，就能在另一端的控制屏上，实时查看孩子的定位及检测各项身体指标。不仅如此，还能通过这个显示屏，同步看到孩子眼前的事物。最不可思议的是，"方舟天使"具有"过滤器"功能，一旦开启这个选项，每当孩子看到血腥、暴力、色情等内容时，就会自动打上马赛克，屏蔽可能触发不利情绪的事物。

在"方舟天使"的保护下，萨拉就像温室里的花朵，不染一点儿尘埃。路边大叫的猛犬，在她视线里被打上了马赛克；同学粗鲁的话语，在她耳朵里被消音；就连自己的手指被扎破了，看到的也不是血，而是马赛克。长此以往，萨拉也逐渐暴露出一些问题：她对世界的认知出现了障碍。外公生病倒地，她不懂得去扶；母亲在墓地的悲伤，她也无法共情。

随着萨拉逐渐长大，玛丽也意识到了问题所在。在心理医生的建议下，玛丽关掉了"过滤器"，虽然万分不安，但她终于也停用了"方舟天使"。只可惜，事情并未好转。萨拉在母亲关闭系统之后，仿佛打开了新世界的大门，对之前被屏蔽的事情充满好奇。萨拉开始在坏小子崔克的怂恿下，在互联网上观看凶杀、色情、恐怖、暴力、变态的视频。最让人意想不到的是，她还爱上了崔克这个不良少年。

一天晚上，萨拉谎称去朋友家看电影，实则是去和不良少年约会。见女儿迟迟不回家，玛丽四处寻找，都未能发现女儿的身影。最后，她又打开了尘封已久的"方舟天使"，却意外看到惊人的一幕——自己心中的乖乖女，正和一个男生赤身裸体地躺在床上。玛丽悲痛万分，但是却做出了最坏的抉择——她没有和女儿沟通，而是假装什么都没发生；但另一方面，她背着女儿找到了这个男生，逼迫他和萨拉分手。不仅如此，她还在萨拉的食物里混入了事后避孕药。萨拉很快就陷入失恋的悲痛中，身体也开始出现因吃药而导致的不良反应。萨拉猛然惊觉，妈妈又开始监视她了。她跑去质问母亲玛丽，玛丽说了所有母亲都会说的话："都是为了你好""我是想保护你""我想让你安全"。

暴怒的萨拉用平板电脑把母亲砸得头破血流。讽刺的是，因为开启了屏蔽功能，女儿看不到母亲的惨状。随后，萨拉离家出走了。

这部电视剧令人唏嘘。虽然"方舟天使"的初衷是为了让父母更好地照顾孩子，但这项黑科技有着违背人性的一面。单说家长与孩子的沟通问题，一句理所当然的"都是为了你好"，是否就可以成为父母不恰当地处理亲子关系的借口？那些被认为理所应当的相处方式是否应该被重新检测？家长与孩子怎样沟通才是良好而有效的？

家长和孩子之间的关系，本来应该是最亲密的，可是现如今很多家长有时觉得与孩子无话可说，孩子也常常不愿把心中的想法与家长分享，甚至在不少家庭，每天都发生争吵，两代人之间的矛盾随着时间推移而加深。显然，家长和孩子之间需要沟通和处理情绪的技巧，使家长与孩子每次有不同意见时懂得如何处理，从而使亲子关系变得更亲密而不是更疏远。

　　本章为家长们提供了多场景即时能用的沟通技巧。不过，需要说明的是，技巧只是"术"的层面，最重要的是，家长要用到"心"的层面，倾听的时候要带着一颗好奇心，对孩子世界里发生的一切表现出极大的兴趣和关注，去聆听孩子的心声，真正理解孩子，这样才能与孩子建立更深的联结。

倾听：引导孩子认识和疏解情绪

"自从孩子上网课，哪个父母不是在魔幻世界里度过？"

"自从孩子上网课，你发现：世界上最远的路，是把'自律'塞进孩子的脑袋里。"

我相信，这是 2020 年以来很多家长的共同感受。

心灵种树学苑的郑永烨老师是擅长家庭教育和亲子沟通的心理咨询师，也同样遇到了这样的问题。他女儿上小学五年级，不过，他与孩子的沟通方式值得其他父母们借鉴。以下是郑老师的讲述。

由于疫情，豆豆在年前就一直住在上海松江奶奶家，和奶奶、叔叔以及小猫咪一起生活两月有余。自从上网课以来，她每天的网上学习和拉琴都由奶奶和叔叔督促。

这天晚上睡觉前，豆豆和我微信视频："爸爸，我跟你讲今天小猫咪干的坏事……"

还没等我说话，豆豆就说起了小猫咪调皮的一天，从她忘我的神情中可以看出她很高兴。我照例在她说话的间隙尝试着询问她一天的学习情况，但是依旧不能把她从谈论小猫咪的话语中拉回来。

这时，奶奶在旁边忍不住数落起来："爸爸在问你话呢，怎么也不回答呢？就像每天我们叫你拉琴一样，叫了几遍都没有反应。"

这时豆豆脸上眉飞色舞的表情立刻不见了，奶奶继续数落着。豆豆脸上已经有尴尬的神情，我感受到了她难受的情绪，就说道："奶奶这样说，你是不是很不好受呀？"

她没有回答，但是感觉她情绪低落了很多。此时叔叔过来接过奶奶的话也控诉道："我们不想说你，但有时不说你，你根本就不自觉，每天写作业、拉琴都要催几遍，即使拉了琴也是敷衍，那你说我们到底要不要说你呢？不说吧，你根本就不动，说吧你又不高兴！"

此时的豆豆没有说话，但很明显能感觉到她的心情正在从高兴跌落到难受，于是我让她进书房和我单独聊。

果不其然，一进房间，她就哭了起来，边哭边说："是不是每个小朋友身边都有一个别人家的孩子？"我很好奇地问她："怎么会想到这个问题？"她抽泣着说："以前有一次考试，数学没有考好，妈妈下了班回来听到分数就问我，你们班的另一个中队委员考得怎么样……网上说，每个孩子身边都有一个别人家的孩子，果然也被我碰到了！"说完，她哭得更伤心了。

我听到这话其实很诧异，因为刚才的话题并不是这个，奶奶和叔叔根本没有说别人家的孩子，平时豆豆妈妈也很少拿她和其他小朋友比较。

看来，她这样表述有两个目的：一是为了转移刚才奶奶和叔叔说她不自觉的问题，二是把自己放在一个"受害者"的位置博得同情。

在互联网发达的时代，孩子能接触到各种信息，这给家庭教育也带来了更多挑战。听到孩子这样转移"话题"，我觉得有点儿好笑也有点儿生气。当然，我并没有表现出来，而是继续问道："你听到妈妈这样说时，是什么感觉呢？"她说："我很难过，也很委屈，但是又不敢说，只能躲在被子里偷偷地哭！就像我的闺密一样，有一次她也是被妈妈骂了，她没有地方诉说，也只能躲在被窝里哭，哭着哭着就睡着了。"

听女儿说到这里，我有些担心了。因为情绪是可以传染的，孩子之间的负面情绪互相传染，孩子就会更加悲观。如果没有积极的能量去帮助他们走出来，他们就会往消极的方面越陷越深！如果群体性传染，则会有更加可怕的后果！

"那当时的你希望妈妈怎么做呢？"我又问道。

"我希望她能鼓励我，因为我已经意识到自己考得不好了，我也很难过。"豆豆说。

"嗯，你本来就很难过了，很希望有人安慰你，给你一个拥抱，却被妈妈数落了一顿，就更加难过，感觉很孤独是吗？"我继续与她共情。

听到我这么懂她，豆豆又一次伤心地大哭起来。我隔着屏幕静静地看着她说："这样哭一场是不是好受很多呢？"

她慢慢平复下来说："每次我哭完，是感觉好受很多，所以每次有负面情绪的时候，我都要发泄出来，这样我才感觉好很多。"

我再次惊讶了，因为孩子说了"负面情绪"这个词，这是她第一次表述情绪的词语。也许孩子对于"情绪"的了解并不是很多，但能认识并识别情绪，这对于一个 10 岁的孩子来说是一件很了不起的事情。

我继续启发她："那负面情绪来的时候，你还有其他什么办法吗？"

"有的时候，当大人们说我的时候，我会勉强挤出一点笑容，这样我也感觉好一点儿！"女儿说。

"非常好！你能想到用这样的方法进行自我调节，真了不起！"我夸道。

她听到我的表扬，表情比之前轻松很多了。

"那你希望奶奶和叔叔怎么做，你能感觉好一些呢？"我把话题拉回来问道。

等了很长时间她也没有说话。我继续说："你不希望他们不说你，因为他们不说你了，就感觉放弃你了，像个坏孩子一样，你不希望自己是个坏孩子。但是如果说你呢，你又不好受，你希望他们还是能够提醒你，只是以一种你能接受并且让你舒服的方式来提醒你，是吗？"

她又想了好一会儿，然后蹦出来几个字："你是在讽刺我吗？"

"没有，没有，我是认真地跟你讨论。"此时我已经完全没有刚开始的时候那样想解决她自律性不够强的问题，而是想帮助她去了解自己的情绪和感受。

并且通过刚才的谈话，已经打破了我对孩子原本的认知，她对事情的感悟、对事物的解读，已经大大超出了成人对她的认识程度！

"这种感受是每个人都想要的，不只是小朋友，大人也是这样，没有人希望被人说，但是都希望别人以一种自己能接受的方式来提醒自己。"我继续澄清道。

她重重地点了下头："其实我也知道，最好的方式是自己能主动去做好，而不是被人说！"

此时已经过去半个多小时了，女儿脸上的表情也放松了很多。这时叔叔和奶奶进来了，看着她挂着泪花的笑脸也笑了起来。

郑老师说，事后他又思考了这件事，当奶奶和叔叔指责豆豆时，她用其他的事例来说明自己的委屈，想表明"我自己也是不开心的"。他的第一反应是想拆穿她，甚至还要批评她，说她不虚心接受批评、找借口。但是随着谈话的深入，他发现，其实孩子是知道自己哪里需要改正的，只是父母还没有给她时间承认，就用吼声和批评声把她的这条路堵死了。

所以，当遇到这样的问题，家长可以先帮助孩子处理情绪，用共情和询问的方式，不断给予孩子抒发情绪的空间。最后，在家长的引导下，孩子自然就知道该如何去解决自己的事情。当家长真正相信自己的孩子，他就会挖掘和释放出他的潜力。

每一种情绪都需要被接纳，负面情绪更需要表达出来。

在《全脑教养法》一书中，作者丹尼尔·西格尔强调：培养孩子的情绪认知力，需要耐心地询问孩子的感受，并帮助他们把这些感受具体化，从模糊的情绪描述，转换为更精准的用词。

在一次直播课上，郑老师又分享了自己家的这个案例。有家长说："郑老师询问和回应小朋友的对话真是范本！"还有一位做教师的家长说："看来这是小朋友的通病，天性都爱玩，在家长批评时又转移话题说自己可怜。我儿子才上一年级，前段时间一直很自律，近期可能由于上网课时间太久了，而我又对他过于自信，疏忽了监督的问题，这几天我发现他有些松懈了，批评他时他会找理由。我以前在学校教学生时都会耐心地引导，可是面对自己孩子，反而有时会着急，会疏于引导，采用强行植入的方式。我想，这也是家长们普遍存在的问题，所以在孩子们心里有时也会出现'别人家的家长'。看到郑老师的处理方式，真是受教了，看透不说透，慢慢引导，给孩子机会，让他自己去发现、去承认。"

 思考练习题

1. 与孩子良好沟通的三件法宝是什么？

_____

_____

2. 当孩子有情绪问题时，你是怎么处理的？孩子的反应是怎样的？结果如何？

_____

_____

共情：与孩子建立深度联结的良方

　　共情，原本是心理咨询中建立咨访关系的一个手段。共情，可以帮助我们较好地形成和谐的人际关系，建立更加亲密的亲子关系，化解和孩子之间的误解和矛盾。

　　对父母来说，"共情"就是了解孩子的内心，体验孩子内心的感受，即"设身处地"地理解孩子的思维和情感，让孩子感到被接受、被理解。如果孩子感受到你很懂他，他内心会感到愉悦、满足，就会向你敞开心扉，愿意跟你说更多，也听得进你所说的话。

　　在本书第二章的开头，那位说"我们家全乱套了"的父亲，非常苦恼于没法跟初二的女儿沟通。"以前她很乖、很听话，我们父女关系也很好，谁知道现在是怎么了，有时候吃着饭我们就说了一句'别看手机，好好吃饭'，她就马上站起来跑进房间，还把门关上……"

　　在听了我们讲如何用共情的方法来跟孩子沟通之后，这位父亲就用在了和女儿的聊天中。当孩子在吃饭时忍不住又看手机时，父亲用很感兴趣的口吻问她："这个节目是不是很好玩呀？"孩子说，这是她喜欢的歌手参加的节目，尽管父亲不知道这个歌手是谁，仍然说："你看他的节目很开心、很投入，看起来你很欣赏他。"父亲此时的反应模式是从孩子的感受出发，而不是批评和教育。孩子打消了戒备心和逆反心，感受到被尊重、被关注，她很高兴地跟父亲介绍自己喜欢的明星和好玩的节目。

这时候父亲心平气和地说："相信你喜欢的明星也是很优秀的，他一定有很多有趣的经历。不过，他现在肯定希望你好好吃饭。这样，先把手机放下，你吃好饭再专心去欣赏他的节目，有空也多给我说说他的故事，好不好？"

父亲用这样平等征求意见的方式，孩子当然欣然接受了。

后来，这个父亲把"共情"的方法随时用在和女儿的沟通中，也用在和自己的母亲及妻子的沟通中，设身处地理解她们的感受并说出来，接受她们为孩子好的本心和有时候不耐烦的情绪。在以后的生活中，即便出现摩擦，他都能很好地处理。

"看来，跟家人说话也是需要运用好技巧的，用发火吼叫和批评教育的方式跟孩子交流一点儿用处也没有。"这个父亲深有感触地对我们说。

同样，在本书第二章讲述的那些前来咨询的家长的苦恼，都是没法与进了高中动不动就"大吵大闹""暴躁"的孩子交流。"怎么不再像小时候那样听话、懂事了……"父母们都这样无奈地感慨。

按照心理学家埃里克森"人生发展的八阶段理论"，12~20岁，这个阶段是孩子从童年期向青年期过渡的阶段。孩子进入青春期，身体和思想有了巨大的改变，这些改变促使青少年对自身、对人生进行思索。他们现在主要关心的是把别人对他们的评价与他们自己的感觉相比较。

这个阶段是人生的一个转折期，孩子面临着身体的生理发育、成人的社会使命、生活中的各项任务。这些问题都需要孩子去解决，在这个过程中，孩子也可能遭遇成长的危机。埃里克森认为，教养环境直接关系着危机是否能够得到积极解决。如果危机能够得以顺利解决，那么这将促进孩子形成良好的品质；如果不能顺利解决，则会影响孩子的进一步发展或是留下问题。

所以，父母与孩子在这一时期的关系很重要，父母要营造良好的"教养环境"，改变以往跟孩子沟通的方式，与孩子交流时要记住这两点：沟通的意义决定于对方的响应；重复旧的做法，只会得到旧的结果。

如果你一个劲地说，而不关注孩子到底听没听、听进去多少、有没有反应，那么，你们之间的沟通就是无效的。那些苦于没法跟青春叛逆期孩子交流的家长，在参加了心灵种树和亲子沟通课程之后，改变了与孩子沟通的方式，以"共情"取代"唠叨"。

以下是本书第二章里所提到的那位高三孩子的母亲跟我们的分享。

以前我不知道儿子为什么从高二开始脾气变得急躁，到高三时更加严重了，虽然现在我也不知道，但是我开始试着改变跟他说话的方式。以前我觉得好心好意地说他几句，他却两眼一瞪说我讲的都是废话，根本不听。现在我有意识地做出一些改变。那天，儿子从他房间出来，像往常一样在客厅沙发上斜躺着。我端了一盘他爱吃的水果放在他面前，也坐了下来，说："儿子，是不是要复习的内容太多，学得太累了？来，吃些水果缓一缓。"儿子像往常一样，不看我也不理我。

我继续说："看你很累的样子，是不是心里也很烦躁？"

儿子有点儿没好气地说："当然烦躁！那么多题，谁做谁不烦呀！"

虽然儿子语气不耐烦，但毕竟他开口跟我说话了。于是我又继续说："是呀，每门课都要复习、做题，还要背诵，你们的辛苦可能是我们没法想象的。"听我这样说，儿子脸色有点儿缓和，我马上又问道："那你觉得哪门课你复习起来最顺、哪门课最难呢？"

这时儿子坐了起来，开始滔滔不绝地讲起来，似乎憋了很久，其间又是吐槽老师，又是吐槽难题，虽然还夹带着脏话，不过我不评判、不打断，而是专注地看着他，听他说话，还不时地点头回应他。

儿子越说越放松，开始抓盘子里的水果吃。

我心里暗暗松了一口气，忽然觉得很久没有跟儿子这样聊天了，或者说很久没有听到儿子这样跟我说话了。感受着我们俩聊天的氛围，我适时地说出了憋在我心中许久的话："儿子，我要向你道歉，那天我没有经过你的允许就帮你整理桌上的复习资料，给你添乱了，我没有体察到你面临高考复习的压力那么大，还常常唠叨你，我要对你说对不起……"

"妈，我知道你也是为我好，上次听了金教授的心灵种树课之后，我就想对你说对不起的……"儿子说这话的时候突然哭了。

我和儿子抱在了一起，也流下了眼泪。以前我觉得儿子的心离我越来越远，现在感觉我们母子之间的情感距离在渐渐拉近。

而这一切的改变，只是源于我体察了他的感受并且说出来。仅仅只是两句话，就让我和儿子的心重新联结在了一起。这就是"共情"的力量。

和孩子沟通时，运用"共情"很简单，只要家长能放下自己要"讲道理"的欲望，静下心来，用心体察孩子的感受和情绪，从孩子的角度出发并且表达出来，让孩子感觉到被理解，孩子自然会向家长敞开心扉。当亲子间形成平等交流的氛围时，家长所说的话，孩子就会接受，也会变得更"听话"。

家长把"共情"变成习惯，随时随地运用，会收获很多惊喜。

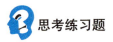 思考练习题

1.你了解孩子的内心吗？你们的沟通方式是什么样的？你在与孩子沟通时，孩子会向你敞开心扉吗？

_____

_____

2.共情是与孩子建立深度联结的良方。你知道如何运用"共情"吗？你在与孩子沟通时，试着与孩子"共情"，认真观察孩子的表现，并记录下来。

_____

_____

认同：不带功利性的赞美和鼓励

心理学中的"罗森塔尔效应"使现在很多家长明白赞美的作用，知道要多多称赞孩子、鼓励孩子。可以说，没有不赞美孩子的家长。

"可是，我经常夸她，经常称赞她、鼓励她，都没用呀！她还是不听，还是做不好！"有家长来咨询时这样说。

"如果家长把夸奖变成一种工具，带着功利性的目的，觉得我夸奖孩子了，孩子就应该听我的，就应该做得更好，这样为了某种目的的夸奖，能管用吗？"郑永烨老师说。

赞美、表扬可以增加孩子的自信心，一点儿没错。有一位心理学家曾经这样说："抚育孩子没有其他窍门，只要称赞他们。当他们把饭吃完时，赞美他们；当他们画了一幅画之后，赞美他们；当他们学会骑自行车时，也赞美他们，鼓励他们。"赞美孩子，能给孩子他所需要的价值感、信任感和自信心。所以，赞美是教育孩子最有效的方式之一。

那为什么很多家长却觉得"赞美没有用"？这就是郑永烨老师所说的，你是把赞美当作让孩子听话的"工具"，并不是发自内心地认同和肯定孩子。

每个孩子都或多或少地在寻求父母的认同，而这种对父母认同的渴望，无论在孩子五六岁时还是十五六岁时，都需要。并且，并不是简单地夸赞几句就能让孩子满足。

当孩子调皮捣蛋把家里的玩具拆得乱七八糟还大喊大闹的时候，你还能夸赞他吗？如果对他打骂教训一顿会管用吗？

这种情况下，你既无法夸奖他，也不能打骂他，但是可以"认同"他。

首先，认同他的动机："你把玩具拆得一地都是，其实你是想探究和研究。你有这样的好奇心很好，这是科学探索的第一步。"

其次，认同他的情绪："你哭了，是因为妈妈生气了，说你弄乱了屋子，还训斥了你，所以你感到委屈，也觉得烦躁，而且玩具不能重新组装你也觉得蛮失败的。"

心理学认为，"动机和情绪不会错，只是行为没有效果而已"。

我们可以接受孩子的动机和情绪，但不接受他的行为。

但是，家长接受动机和情绪便是接受他，他也会感觉到你对他的接受，因而便会让你去引导他做出改变。

家长接受孩子的动机和情绪，并且心平气和地说出来，给孩子一个安全、温暖的氛围，孩子会自己认识到错误，也会接受家长对他行为的不认同，接受家长对他的行为的指导和教育。

如果家长能对孩子的动机和情绪先表示认同，再针对其行为加以指正，那么孩子就不会产生反感，反而能够客观认识到自己行为的不妥。如果不接纳孩子的动机和情绪，劈头盖脸地训斥孩子，孩子就会弄不清到底是因为自己的行为错了，还是自己的动机和情绪错了，这种困惑只能给孩子带来更大的伤害。

这里讲一个我国著名教育家陶行知"四颗糖果教育学生"的故事。

陶行知在校园里看到一个男生用泥块砸自己班里的男生，当即制止了他，并令他放学后到校长室去。

放学后，陶行知来到校长室，男生早已等着挨训了。可是陶行知却笑着掏出一颗糖果送给他，说："这是奖给你的，因为你按时来到这里，而我迟到了。"男生惊疑地接过糖果。

随后陶行知又掏出第二颗糖果放到他的手里，说："这是奖励你的，因为我不让你打人时，你立即住手了，这说明你很尊重我，我应该奖励你。"男生更惊疑了。

这时陶行知又掏出第三颗糖果塞到男生手里，说："我调查过了，你用泥块砸那些男生，是因为他们欺负女生；你砸他们，说明你很正直、善良，且有跟坏人作斗争的勇气，应该奖励你啊！"男生感动极了，他流着眼泪后悔地喊道："陶校长，我错了，我砸的不是坏人而是同学……"

陶行知满意地笑了，随即掏出第四颗糖果递过去，说："为你正确地认识自己的错误，我再奖给你一颗糖果，我没有糖果了，我们的谈话也可以结束了。"

四颗糖果的故事

在这个故事里，大教育家陶行知先生就是先肯定这位同学的动机，同时奖励他好的行为，用四颗糖化解了孩子心中的愤怒、委屈、自责、恐惧和羞愧，让孩子自己意识到了行为的不妥，这比批评和惩罚更有力、更有效。

与孩子沟通需要心与心的交流，责怪、质问的语气只会把孩子的心越推越远，经常奚落或责备孩子的父母很难赢得孩子的信任。正如陶先生所说："真教育是心心相印的活动。唯独从心里发出来，才能达到心灵深处。"

从心出发，对孩子的言行做出正确的评价，肯定孩子的动机，接受孩子的情绪，并适时予以由心底发出的真正的赞美，才能让孩子感受到更多的尊重、理解、欣赏和保护。

父母都能找到适合孩子的言语来赞美孩子，无论我们要选择什么样的方式来赞美和奖励孩子，请记住一个原则：接受赞美的人是孩子，而不是父母，所以前提是要满足孩子的需求、尊重孩子的想法，而不是满足父母的需求和想法。

台湾著名作家三毛曾在散文《一生的战役》中写道："我一生的悲哀，并不是要赚得全世界，而是要请你欣赏我。"文中的"你"，指的便是她的父亲。一天，父亲偶然读到这篇文章，悄悄给她留了一张纸条，上面写道："深为感动，深为有这样一株小草而骄傲。"三毛看到后，眼泪夺眶而出，在日后的一篇文章中写道："等您这一句话，等了一生一世，只等您——我的父亲，亲口说出来，扫去了我在这个家庭用一辈子消除不掉的自卑和心虚。"

在家庭教育中，最残酷的伤害莫过于对孩子自尊心和自信心的伤害，最明智的举动莫过于用鼓励与赞美给孩子支撑起人生信念的风帆，帮助他们步入成功的殿堂。

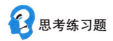 思考练习题

1. 当孩子出现情绪问题时，你是心平气和地与他沟通，还是毫不接纳孩子的情绪，劈头盖脸地对其进行训斥？

_____

_____

2. 赞美可以增加孩子的自信心，是教育孩子最有效的方式之一，但是为什么很多家长觉得"赞美没有用"？在赞美孩子时，家长应该怎么做？

_____

_____

相信：使孩子从"爱游戏"到"爱学习"

所有的家长都有去学校开家长会的经历。如果老师向你告孩子的状，作为家长，你会怎么做？

小明的妈妈满脸怒气地走进来，边走边抱怨："我真想回家把儿子打一顿……"她刚开完家长会，还被老师单独留下谈话。老师向家长告状、当众批评孩子，家长是不好受，可是如果打孩子一顿，家长是解气了，对孩子有任何作用吗？

多年前，我曾看到过一个故事，令我感触很深，这是一位妈妈开三次家长会，使儿子从"多动儿"到"清华生"的故事。

这个妈妈第一次参加儿子幼儿园的家长会，老师对她说："你的儿子有多动症，在板凳上连3分钟都坐不了，你最好带他去医院看一看。"

回家的路上，儿子问妈妈老师都说了些什么。她鼻子一酸，差点儿流下泪来。因为全班30个小朋友，他的表现最差；唯有对他，老师表现出不屑。然而她还是告诉儿子："老师表扬你了，说宝宝原来在板凳上坐不了1分钟，现在能坐3分钟了。其他的妈妈都非常羡慕妈妈，因为全班只有宝宝进步了。"那天晚上，儿子破天荒吃了两碗米饭，并且没让她喂。

　　儿子上小学了。家长会上，老师说："全班50名同学，这次数学考试，您儿子排第40名，我们怀疑他智力上有障碍，您最好能带他去医院查一查。"她心里不是滋味，差点儿流下眼泪。然而，她回到家里，却对儿子说："老师对你充满信心。她说了，你并不是个笨孩子，只要能细心些，会超过你的同桌，这次你的同桌排在第21名。"

　　说这话时，她发现，儿子黯淡的眼神一下子充满了光，沮丧的神情也一下子舒展开来。她甚至发现，儿子温顺得让她吃惊，好像长大了许多。第二天上学时，他比平时都要早。

　　孩子上了初中，又一次家长会。她坐在儿子的座位上，等着老师点她儿子的名字。然而，这次出乎她的预料，直到结束，都没听到她儿子的名字。会后她去问老师，老师告诉她："按你儿子现在的成绩，考重点高中有点儿危险。"她走出校门，儿子在等她。路上她搂着儿子的肩膀，说："班主任对你非常满意，他说了，只要你努力，很有希望考上重点高中。"

　　高中毕业了。第一批大学录取通知书下来时，学校打电话让她儿子到学校去一趟。她有一种预感，儿子被清华大学录取了，因为在报考时，她跟儿子说相信他能考上清华。儿子从学校回来，把一封印有清华大学招生办公室的特快专递交到她的手里，突然大哭起来，边哭边说："妈妈，我知道我不是个聪明的孩子，可是，这个世界上只有你欣赏我、相信我……"

　　这时，她悲喜交加，再也按捺不住十几年来凝聚在心中的泪水，任其滴落在手中的信封上。

　　听完这个故事，我想起教育家陶行知先生说的："教育孩子的全部秘密在于相信孩子和解放孩子。"

后来每次在跟家长们沟通时，我都会把这个故事分享给他们，希望对父母们有所启发。

如果孩子生活在鼓励中，他便会自信。教育家苏霍姆林斯基说过一句话："让每一个孩子都抬起头走路。"孩子渴望得到信任和鼓励，尤其是来自父母和老师的信任和鼓励。

著名心理学家约翰·戈特曼认为，每个孩子都有自己解决问题的潜能，如果希望孩子能够自己选择解决方案，最重要的一点，就是要充分信任孩子。

在 2020 年 5 月和 6 月，我们接到的关于孩子沉湎于打网络游戏的咨询格外多，一周会有三四个。有一个母亲甚至从美国用视频向我们进行远程咨询。

有一天下午，一个父亲带着儿子多多来到心灵种树学苑心理咨询中心。

"再不管，这孩子就废了！"男孩的爸爸语气沉重。

多多今年 13 岁，刚上初二。多多从四年级开始迷上网络游戏，从此一发不可收拾，学习成绩直线下降。在家里妈妈多说他两句，他甚至要跟妈妈动手。多多父母工作忙，平时把他放在爷爷家里。多多每天晚上打游戏到凌晨一两点。爷爷着急，想让他早点儿睡觉，他就把爷爷关在门外，还说："真想给爷爷下迷魂药，让他一觉睡过去，不要再管我！"

"这孩子是不是心理有问题了？"多多爸爸苦闷不已。

郑老师跟多多单独聊了一个小时之后，问多多爸爸："你知道孩子最初为什么打游戏吗？"多多爸爸摇摇头。

孩子从四年级开始打游戏，是因为那时候父母关系不好经常吵架，把孩子放在爷爷家，没人关注他内心的感受，他偶尔上网打游戏，感受到了一种乐趣，和小伙伴组团完成游戏任务，让他有了一种存在感和价值感。

"我们来求助，就是想让孩子变好。"多多爸爸说。

"那你相不相信他能变好？"郑老师问。

多多爸爸眼神犹疑，无法确定。

"如果你相信他能变好，那么恭喜你答对了，孩子一定能变好！"郑老师说，"如果你不相信他能变好，那么恭喜你也答对了，孩子一定不会变好。"

心理学中有一个效应叫"预期的自我实现"，如果你相信孩子会成为怎样的人，那他一定会成为你所认为的那种人。

郑永烨老师接着为多多爸爸讲了这样一个真实的故事。

有个叫弗兰克的老法官，他在美国一个小城市里工作了30多年。一次，弗兰克处理一桩违停案：卡车司机上诉，说自己违停的罚款已经上缴了，但是因为系统没有及时更新，所以导致他因为"逾期"要付双倍罚款。了解清楚情况后，弗兰克当即取消了他的双倍罚款罚单，但卡车司机听完判决结果后，却迟迟不肯离去。

这个中年人犹犹豫豫地说："您可能不记得我了，但我想和您说一点儿关于我人生的事情……"原来，20年前，这个卡车司机才18岁，他酒驾、飙车、闹事，生活过得一团糟，几乎每个月都要上一次法庭。周围的人都对他失望至极，断言他不会有什么前途。

当他又一次作为被告站在法庭上的时候，当时的法官正是弗兰克，在审理完案件后，弗兰克语重心长地问他："你长大了想干什么呢？犯罪？坐牢？还是想有所作为？"他愣住了，因为从没有人认真问过他对未来的规划，从没有人真正关心过他的前途。

弗兰克接着说了一句："我相信你一定不想在牢里度过自己的一生。"

法官的话如同一柄利剑，挑开了笼罩在他眼前的迷雾，逼迫他为自己将来的人生作打算。于是他思索一番之后，决定学习一门技术。他报考了驾驶训练班，后来成了一名卡车司机，有了自己的家庭，过上了安稳的生活。

说完往事，他眼里泪光闪烁，自豪又感激地说："我现在成了一名卡车司机，我想和您说一声谢谢。"他走上前去，用力握住老法官的手，并拥抱了弗兰克。弗兰克送上了祝福："祝贺你，你会有更精彩的人生。"

听完这个故事，多多爸爸低头沉思。

7月初的一个周末，多多爸爸打电话跟我们说，他正带着儿子在崇明森林公园骑自行车、打网球。"现在放假了，儿子不仅没有沉迷于游戏，还主动说要请家教补课，每天固定时间学习，固定时间玩游戏，说好玩到几点就会停下来，很自觉、很自律，才不到一个月就发生这样的变化，真神奇！"这位父亲欣喜地说道。

 思考练习题

1. 平时当孩子面对问题时，你的态度如何？你是横加指责还是包

办代替？

_____

_____

2. 每个孩子都有自己解决问题的潜能。你相信你的孩子在面对问题时能够自己选择解决方案吗？

_____

_____

案例：情商魔法训练营

沟通是一门艺术，需要我们掌握一定的技巧。想要与孩子建立更深的联结，仅仅依靠技巧还不够，家长还需要走进孩子的内心世界。这就需要家长在与孩子沟通时，既能够及时识别自我情绪，又要及时洞察孩子的心理，同时还要有效地管理好自己的情绪。这就对父母的情商有一定的要求。

情商，又称情感商数、情绪商数，是衡量人的情感发展水平的一个指标，也就是指一个人了解、表达、控制自己以及与他人情感交流的能力。它涵盖了自我情绪的调控能力、社会适应能力、人际关系的处理能力、对挫折的承受能力、自我了解程度以及对他人的亲和力等。

沟通是相互的。要形成高品质的沟通，不只需要家长有高情商，也需要孩子拥有高情商。在孩子心灵种上生命树、人文树、哲学树，其内涵呈现出来的状态就是让孩子拥有高情商，使其形成优良的品格，并且最大限度地发挥其潜在的能力。

为了培养孩子的高情商，我们专门设计了"情商魔法训练营"的课程，训练活动的内容就是帮助孩子了解自身的优势，调动孩子积极向上的自我力量，使其借助这种积极向上的力量对抗心理困扰、消除有问题的行为、建立抵御挫折等预防机制。

在"情商魔法训练营"课程中，有一个环节需要孩子在陌生的环境中介绍自己。然而每一个孩子的表现各有不同：有的讲话声音不稳；有的忘了自己叫什么名字；有的浑身不自在，手不停地摸鼻子摸脑袋……大胆举手介绍自己的孩子只占少数。

"大家好……我叫……我的名字是……我……"她站在台上，低着头，喏喏着介绍自己，声音越来越小，重复着几个字却再也说不出来，同时不断地摇头，不断地往后退，脸颊绯红，像在强忍着泪水。

这个女孩无助地站在台上。我过去用手抱住她的肩膀，能感受到她的身体在颤抖。台下的每个人都安静地坐着，表示理解和支持。我们不断地给她鼓励和引导，几分钟之后，她终于放松下来，可以大胆地介绍自己了。在之后的环节，每个人都要上台说出自己身上的 10 个优点。她再次上台的时候，虽然还是有点紧张，但已经可以顺畅地表达出来了，台下的同学们给予她热烈的掌声表示支持。后来她的班主任对我讲："看到这个同学行为的改变和脸上的笑容，能感觉到她的不断突破，真是太不容易了！"她的母亲也欣喜得几乎流下眼泪："这孩子从小就害羞、胆怯，不爱跟人打招呼。现在好像变了一个人似的，周围的朋友都说这孩子变得自信了。"

孩子们都有这样的感受：当众表达自己的想法时很难受、很不自然；可是一旦他们突破自己，流畅地介绍完之后，就会感觉很舒服、很开心，好像自己得到了提升一样；等到第二次的时候，他们已经没有之前那么惊慌和紧张了，更多的是开心，有了很大的成就感。

　　享受幸福生活是人的本能，人人都渴望拥有幸福。古罗马人说："**幸福的权利是天赋，知道还不够，得学着去使用。**"通过情商学习和行为训练，孩子在不断的"习得"中，拥有了高情商；同时，情商的提升，也更加有利于孩子有效地理解生命树、人文树、哲学树的精髓，并将其植入心灵。

　　实践和研究证明，积极、良好的心理状态，不仅是学生学习成绩提高的可靠保证，也是一个人健康成长、形成完整人格的必要条件。正如心理学家所说："那些具有积极观念的人，具有更良好的社会道德和更佳的社会适应能力，他们能更轻松地面对压力、逆境和损失，即使面临最不利的社会环境，他们也能应付自如。"

　　金武官教授历经近 30 年的实践创立的心灵种树体系，不仅仅是为了矫治孩子的心理缺陷或心理问题，更重要的是为了培养有着正常心理、健康状态的孩子积极的心理品质，使其最大限度地发挥内在潜能，促进其成长、学习及改变，从而获得"三成功一高贵"的幸福人生。

中国大教育家孔子说："知之者不如好之者，好之者不如乐之者。""情商魔法训练营"通过寓教于乐、深入浅出的方式，让家长与孩子一起探讨情商的秘密。在该课程中，所有的游戏任务都着重于对情商的磨炼与培养，从情绪控制、团队合作、社交沟通、危机应对、自我发现、自我管理等多方面进行测试和训练，让孩子在学习的过程中体验愉悦与成就，使孩子获得生命的成长与幸福感。

自信：撕掉消极标签

一条饥饿的鳄鱼在一个大水箱里，水箱另一边是一群鲜活的小鱼。只见鳄鱼恶狠狠地向小鱼群猛冲过去，却被水箱中间的一块透明挡板给挡了回来。鳄鱼不甘心，重新发动攻击，仍然撞在挡板上。这样一次又一次，鳄鱼撞得头破血流。到最后，鳄鱼彻底绝望，于是不再白费力气，躺在水中一动不动。这时，有人将挡板撤掉，小鱼在鳄鱼眼前游来游去，可鳄鱼已经麻木迟钝到极点，对此无动于衷，最后被活活饿死。

这是心理学家做过的一个著名试验，验证了 20 世纪心理学最重要的发现之一"自我意象"。这种自我意象就是"我属于哪种人"的自我观念，它建立在我们对自身的认知和评价基础上。通过不断的心理暗示和潜意识的作用，我们会在自我认识过程中给自己贴上类似"成功"或"失败"的标签，这些"标签"会直接影响一个人的成败。就像实验中的鳄鱼一样，它在不断的失败中丧失了信念，认为自己再如何撞击挡板，最后都是白费力气。一旦在心理上给自己贴上某种"标签"，我们就会按照标签的意象去塑造自己，使自己某方面的情绪和行为不断得到强化。

心理学家马尔慈认为，人的潜意识就是一个有目标的电脑系统，而人的自我意象，就有如电脑程序，直接影响这一机制动作的结果。如果你的自我意象是一个失败的人，你就会不断地在自己内心的"荧光屏"上看到一个垂头丧气、难当大任的自我；听到"我没出息、没有长进"之类负面的信息，就会感受到沮丧、自卑、无奈与无能——而你在现实生活中便会"注定"失败。

但是，如果你的自我意象是一个成功人士，你就会不断地在你内心的"荧光屏"上见到一个意气风发、不断进取、敢于经受挫折和承受强大压力的自我；听到"我做得很好，而我以后还会做得更好"之类的鼓舞信息，就会感受到喜悦、自尊、卓越——而你在现实生活中便会"注定"成功。

对自我意象、自我标签的确立是十分重要的，是消极的还是积极的，是正向的还是负向的，会成为我们的生命走向成功或失败的方向盘、指南针。

所以我们要把自己或者别人给自己贴上的"消极标签"撕掉。比如，我很矮，可是我很灵活；我做事慢，可是我做事细心、认真，以后我也可以让自己做事又快又好；我胆子小，可是我谨慎，以后我多抓住机会锻炼自己，就可以让自己变得胆大些；我有我的弱项，可是通过勤奋练习和不断尝试，弱项很可能会变成我的强项。

家长可以让孩子照着这个方法，练习"撕掉消极标签"，并且进行交流分享。

在情商训练的课堂上，需要所有孩子全身心地投入，并且要勇于尝试，探索内心感受，呈现真实的自己。因此，创造安全和信任的气氛是非常重要的。老师会不断地营造积极、热情、真挚的氛围，将每个孩子都容纳其中，让所有人都感受到被尊重。

表达感受和同理心训练

在这项训练中，继续引导孩子了解自己感受到了什么，为什么会有这种感受，然后让孩子学会自我体察。自我体察体现了情绪能量的敏感度和情绪的认知程度，是实现人生成功的必要能力。有了自我体察，可以杜绝鲁莽、冲动，可以避免怯懦、粗心、草率，它是坚强性格的根基，是领导力的体现。

真诚地表达，不要压抑自己的情绪、情感，同时还要会表达。比如，让孩子当众演讲来表达自己的感受，用"我感到……因为……"的句式，说出内心的情绪感受。

当孩子们说出自己的情绪感受，尤其是恐惧、害怕等负面情绪的感受之后，他们会觉得这样"不应该"、这样"不好"。其实很多成年人也会这样，当觉察到内在的恐惧与不良情绪时，第一反应往往是忍不住批判或者谴责，觉得这样的情绪是不好的，是不应该存在的。

"当我害怕的时候，爸爸总会说'你不应该害怕，你这样太胆小了'。"有孩子这样说。

家长越是批判孩子，越无法让孩子内心的负面情绪消失。如果家长这样对孩子说，只会让孩子觉得自己很糟糕，勉强在表面上忍耐下来，但其实内心害怕得不得了。

同样，当孩子的负面情绪受到批判后，他们或许会暂时压抑下这些情绪，但这些情绪并不会消失，只会累积下来，日后在同样的情境下还会再次被勾起来，变成更大的恐惧、更多的不良情绪。久而久之，这些情绪会变成孩子的心理问题。

因此，我们不仅要让孩子表达出自己的情绪和内心感受，还要让他们学会接纳自己的情绪，不认为这样不好，而是要全然地接受它，接受它本来的样子，接受它的存在。

每个人都有自己引以自傲的闪光点，也有各种不足，但这些都是自己的一部分。我们都是独一无二的，要爱自己的优点，也要接纳自己的不足，正视自己的问题，接纳自我，不断地完善自我。

接下来，我们要对孩子进行同理心训练。

有同理心意味着能够"读懂"他人，能够与他人产生共鸣。提高同理心的关键是要有意识地关注他人，对他人充满好奇心，认真聆听，理解他人的行为和情绪。几乎没有人喜欢争吵，用同理心来回应是解决冲突的一个有效的方法。

上完这个课不久，有个家长打电话告诉我："陈老师，很奇怪，以前我女儿见我发脾气很害怕，跑回房间并关上门，不敢出来。学完你的课程后，有一天，我的心情不好，向她发脾气，她没有跑回房间，反而看着我，小声对我说：'妈妈你是不是不开心？'听到她这样说，我心里的气已经消了一半。"

还有一个家长说："每次儿子不听话，他爸爸的暴脾气就上来了。以前儿子都是跟他对着干，可是那天他对儿子发火，儿子却说：'爸爸，我知道你现在很生气，可是生气不是解决问题的办法，你现在深呼吸，放松，令自己的情绪平静下来，再好好跟我说哪里不对，我可以改正。'

陈老师你猜怎么着？他爸爸立马不生气了，父子关系也缓和了。"

女儿问妈妈"是不是不开心"，是她感知到妈妈的心理状态；儿子说"我知道你现在很生气"，是他关注到了他爸爸的情绪。他们都运用了同理心。在运用了同理心之后，孩子与父母之间的沟通效果大大提升。由此可见同理心的重要性。

同理心是"情商"产生的基础能力，它使孩子能够更加准确地理解他人的感受，在交往的过程中懂得照顾他人的情绪，使更多人乐于与之相处。孩子能够看见他人的感受，便不再仅仅执拗于自己的得失，而是能够反思自己，通过自身和他人的感受两方面来"辩证"考虑自己的言行，找到自己的提升空间。他们有着善良、关爱与豁达之心，能够包容不同与不完美，明白要在奉献中实现自我价值。

共情是一种"融入"，在理解世界的同时，也掌握自己的人生。

团体合作能力的训练

现在独生子女很多，成长的环境使他们缺乏同他人合作的能力。我们的课程设计了一些游戏，让孩子在游戏中体会信任和合作的重要性，消除团队成员之间的隔阂，帮助他们掌握与人合作的能力，从而使孩子懂得建立一种与人互相帮助的人际关系。

通过引导，我们使学生们认识到，在与人合作的过程中失误是难免的，关键在于面对失误该如何处理和调整。是推诿埋怨，还是积极寻找解决的策略？如果不断地指责，只会再输。要是想赢，该怎么做？在这个过程当中，孩子体会到在合作的过程中积极思考，学会运用集体智慧发展出更好的合作策略，从而在团队合作中建立起良好的人际关系，也在化解冲突的过程得到成长。

以上列举的内容只是情商魔法训练课程里的一部分。体验式学习的方式很受孩子们喜欢，他们可以通过做游戏、角色扮演、影视鉴赏、分享故事、实践实习等丰富生动的活动达到以下目的：一是正确识别和处理自己的情绪；二是学会与人沟通，有效地倾听和交流，正确提出自己的需要；三是尊重理解他人，宽容他人的缺点；四是承担自己的责任；五是与他人良好协作；六是培养自信、果断的行事能力；七是创造性地解决冲突；八是加强对自我的认知，发展内心的力量……

亲爱的家长们，在这样的训练中，孩子可以全身心地投入，得到情感体验。课程在触动孩子心灵、让他们感受冲突的同时，引导孩子进行思考，自主探究，挑战智慧、耐心、细心，从而激发其灵感和内心能力，将"知道"变成"做到"，最后"成为"，使他们获得切实的改变、提升和成长。

拥有高情商，会使孩子的人生之路越走越宽。

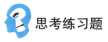 思考练习题

1. 对自我意象、自我标签的确立是十分重要的，它会成为孩子生命走向成功或失败的方向盘、指南针。你的孩子身上有类似"成功"或"失败"的标签吗？这些标签是积极的还是消极的？

2.培训老师带领孩子一起进行团体合作能力的训练，可以通过做游戏、角色扮演、影视鉴赏、分享故事、实践实习等方式，让孩子得到情感体验。观察孩子的表现，他们是如何与人互动的？遇到冲突他们是如何解决的？

第六章

心灵种树要义总括

《庄子·秋水篇》中写了这样一个故事。庄子钓于濮水，楚王使大夫二人往先焉，曰："愿以境内累矣。"庄子持竿不顾，曰："吾闻楚有神龟，死已三千岁矣，王巾笥而藏之庙堂之上。此龟者，宁其死为留骨而贵乎？宁其生而曳尾于涂中乎？"二大夫曰："宁生而曳尾涂中。"庄子曰："往矣！吾将曳尾于涂中。"

故事意思是，一天，庄子正在河边垂钓，楚王派二位大夫前来聘请他："我们国君想让您帮忙处理全境的政务。"庄子淡然地说道："我听说你们楚国有一种神龟，死的时候已经有三千岁了，它死了以后，楚王用锦缎将它包好放在竹匣中，珍藏在庙堂上。那我想问一问：这只神龟，它是宁愿死去而留下骨骸显示尊贵呢，还是宁愿活在烂泥里拖着尾巴爬行呢？"两位大夫说："当然是后者。"庄子说："你们回去吧！我宁愿像龟一样在烂泥里拖着尾巴活着。"

什么是活着？

心灵种树体系中生命树的定义是：活着是生理范畴的新陈代谢。

活着是一条本体底线，人不能随意突破这条底线。当然，在活着的基础上，人要争取精神、社会意义上的活好，争取成功、幸福、被爱。假如一时没有活好，那就先退回到活着的底线，耐心地活着，不要活得不耐烦。

心灵种树体系中生命树说，人是宇宙中最幸运、最珍贵、最神圣的生命。因此人的宪法是：珍惜生命。在人生低谷时，要给生命找出路。

心灵种树体系中生命树提出了活着、活好、活长的"三活"结论。

活着，是以新陈代谢为基础的生理活动。为了活着，人不得不从事满足新陈代谢所必需的工作，这样的工作常常是辛劳、无趣、无聊的，所以人要耐得住辛苦、耐得住无聊。

活好，是指随着文明的进步，人花费在活着所需的费用越来越少，如此一来就剩余了大量的金钱、潜能，而要实现其价值，就要争取活好，去从事文化、艺术等活动，以满足人在精神、灵魂上的更高需求。

活长，活到基因赋予的百岁以上的寿限。

所以，人生除了为了活着而必须承受的辛劳、无聊外，还有美、诗和远方。

有一个男青年在听了"心灵种树"的讲座之后，写了一篇文章《生命的意义就是活着》，他说：人生道理千万条，最重要的是明白"什么是活着"。我们生下来被教育的是：活着就要成功，就要追求意义，就要获得幸福……要是没有后者，活着就没意思，还不如不活。心灵种树生命树的回答是：活着不是精神、社会学范畴的，活着是生理学范畴的；生命与活着是同义词，生命就是活着，活着就要新陈代谢，就要摄取新陈代谢必需的营养物质；而摄取的过程是辛劳的、无聊的、不如意的；只有在活着的生理基础上，才能进一步争取精神上的幸福，在社会关系中去感受爱与被爱。因此，活着就是活着本身，就是为满足新陈代谢而做不得不做的事，其中有很多不如意、不幸福，但是只有忍受不幸福，才能争得幸福。

希望我们每一个人都能发出这样的感叹：活着真好，带着爱享受一切！

那么，为什么要给心灵种上一棵人文树？

近年来，有很多专家学者发表文章，详细地分析关于中国人人文素养问题的历史、现状及根源，讨论如何改变"富而不贵"的现象，希望能够进一步提升年轻一代的人文素养。这是现在以及将来我们要面临的重大任务。心灵种树中的人文树系统地提出并解决问题：树根提出并回答"谁欠谁"的问题，树干得出个人怎样对待他人、社会的结论，树冠归纳出人文树的核心价值观。

其中，个人与社会的关系为：人所需的，除了阳光和空气是自然产物外，没有一样不是社会的产物；回报社会，天经地义；责任在身；与人为善；高贵优雅。

如何把人文树真正种活？需要每天做到五个"一"：

第一个"一"，想一想，当你离开社会到原始森林会怎样；

第二个"一"，当你使用某物时，想一想它来自哪里；

第三个"一"，进出家门与家人要有一声问候；

第四个"一"，在家至少做一件家务事；

第五个"一"，在社会和自然中做一件好事。

心灵种树有三个底线。

第一，生命树以命为本，即以生命为底线，最高状态是让生命发光；

第二，人文树是以责任为底线，最高状态是博爱；

第三，哲学树是以面对接受客观事实为底线，最高状态是追求无限接近真理，发现世界的各种规律。

我们要守住底线，然后不断往最高状态去努力。

什么是以命为本？

人首先要珍惜自己的身体，保卫好自己的身体，让自己健康地活着。

生命会在活着与活好之间波动，活得不好的时候要允许自己退回到活着的状态。

活着不是为了什么，它只是一个过程，一个需要我们每个人完成的历程。但是你可以在活着的基础上，去想办法让自己活得更好、更长。发现自己的兴趣、能力，与社会需要结合起来，最终实现自己的价值，让生命发光。

以命为本，要做到三"保卫"：一是保卫身体本身的完整性，谨慎行事，警惕防止任何伤害身体的事情发生；二是保卫生化指标的正常，饮食营养，适量运动，身体健康；三是保卫情绪的宁静喜悦，运用心灵种树三棵树调整内心冲突，获得"心通"。

什么是责任？

责任不是因为你喜欢才去做，而是即便你不喜欢也必须去做一些事情，去尽应尽的义务。

善待你的家人、你的朋友、你的工作。

与人为善，每天做一件家务，为社会或者社会中的其他人做一件小事情，最终修炼到博爱、爱众生的状态。

什么是面对接受？

世界是客观的，不是按照你想的、你以为的去运转的，你不允许太阳存在太阳就不存在吗？你不允许别人存在别人就不存在吗？你不允许自己胡思乱想就真的不会吗？你不允许自己生病就一定不会吗？

所有事的发生都是合力的必然结果，不是你一个人导致的。

当遇到开心的事情就愉快地接受，当遇到一般的事情就平静地接受，当遇到痛苦的事情就无奈地接受。

允许太阳存在，允许别人存在（允许比我成功的人、讨厌我的人、反对我的人存在，允许我爱的人离开），允许自己存在（包括自己的各种状态，尤其自己的生命）。

当你可以客观地看待世界时，你再去发现世界的各种规律，就可以无限地接近真理。

记住心灵种树信仰五句话：

第一，生命成功，即健康幸福活过百岁；

第二，内部成功，即最大限度地自我实现，内心拥有持续幸福感，让生命发光；

第三，外部成功，即内部成功后，自然获得的精神与物质的成果，如财富、名誉等；

第四，高贵优雅，即对家庭、对社会有使命、有责任、有担当，求真、博爱、感恩、回报；

第五，自利利他，即以自己的天赋、兴趣、社会趋势为出发点，来确定是否去做一件事，以成功而高贵的自己造就他人的成功而高贵。

我遇见心灵种树：高考成功逆袭

曾维晨

我是安徽省重点中学宣城中学的一名学生。上高中前，我怎么也想不到我的高中生活会这么曲折。从高一到高三，我的学习成绩一直在班级垫底，年级排名一度排在第 299 名。高三刚开学时，我的精神几乎崩溃，我的生活和学习几乎难以为继，我甚至面临着休学的可能。然而，在这最紧要的关头，我并没有放弃自己。最终，我的生活和学习回到了常态，我的成绩也大幅度地提升。在高考中，我以 671 分的好成绩跃升至班级第 9 名、年级第 19 名，并被同济大学录取。如凤凰涅槃一般，我获得了新生，而这一切都是因为我遇见了心灵种树。

多重打击令我崩溃

我是以倒数第一名的成绩进入我们学校的创新班的。处在一个高手如云的学习环境中，我的神经时刻紧绷着。

高二时，我准备参加生物竞赛的联赛考试。如果在这次考试中成绩优异，我就可以拿到某些高校自主招生的降分名额，甚至是保送资格。于是我从高二下学期开学前的寒假就停掉了文化课的学习，集中精力准备竞赛。没想到，在熬过五个月的停课备考后，我的成绩却是生物竞赛小组倒数第一，没有获得降分名额，也没有获得保送资格。

重新回到班上时，缺了大半个学期课的我发现同学们基本上已经完成了所有新课的学习，一些学科甚至已经开始进入一轮复习。考试的时候，同学们在奋笔疾书，而我只能对着试卷发呆，因为我连题目都看不懂。一个月后，我的同桌考上了中国科学技术大学少年班。在学业最低谷的时期看到自己的好朋友远走高飞，我既伤心又对即将到来的高三充满了畏惧。

没想到，高三开学的第一天迎接我的不是希望的转机，而是我最敬爱的外公去世的消息，我当时就崩溃了。面对一系列的坏运气，我再也无法宽慰自己，我的心态崩了。上课时，我心不在焉；晚自习时，我对着题目发呆；考试时，刚进行到一半我就想哭着冲出考场。而此时，我家人的情绪也因为外公的离世而处于低谷。无论在家里还是在学校，我都找不到一个可以倾诉的人。由于长期的压抑情绪，我失眠了，时间长达一个月之久，家人甚至问过我是否要休学一段时间。

心灵种树令我走出迷茫

虽然接近崩溃的边缘，但我不甘心、不服气，我迫切地想找到一条出路。终于，在上海舅舅的帮助下，我联系到了上海交通大学附属瑞金医院的金武官教授。金教授通过微信视频给我讲了心灵种树哲学树的五句话和战略学习法，想不到就是这短短的五句话拯救了我崩溃的精神，而战略学习法让我成功逆袭！

金教授用一个小时对这五句话进行详细解释，我听后立刻就被深深吸引了。当晚，我安然入睡，长达几个月的失眠问题终于得到了改善。

受益就会相信，相信就会坚持。尽管高三生活无比紧张，我恨不得将一分钟变成两分钟用，但我仍然坚持每天用语音重复这五句话。几天之后，我的情绪逐渐平静了下来，我不再感到绝望，也能接受原来不能接受或者不愿接受的人和事了。我的生活和学习回到了正常状态。

我总共坚持了 187 天。这五句话是帮我在高三上学期走出内心困境的法宝，也是我从班级成绩垫底到考上同济大学的精神支柱。

第一句：存在不是按照我认为应该出现的，它是合力的必然结果。

世上不如意之事十有八九，这是客观事实，也是各种合力的必然结果。之前我一直用"我认为"的主观思想评判外物，而哲学树第一句话击中了我的要害，让我豁然开朗。

第二句：面对接受。

用什么样的心态对待我们所遇到的困境呢？金教授说，既然事情已经发生了，我们主观上没办法让它改变，那就应该在第一时间无条件地接受，不做任何评判，在内心深处允许它发生。这第一次让我在内心深处接纳了近一年来发生在我身上的种种不如意的事。

在之后的学习和生活中，我进一步思考这两句话的内涵：既然事情不是我想想就能决定的，那何必为未来过分担心，在"想"上面耗费太多精力呢？为什么不把更多的时间放在自己可以控制的事情上呢？想通了这一层，我整个人就像一朵花一样，由闭合到打开。我的学习效率大大提升，压力不断下降。

在运用中，我发现这句话还疗愈了我心灵上的压抑，帮助我战胜了主观臆测产生的恐惧。我的性格也逐渐从之前的急躁变得沉稳。

所以，即便是在高三紧张的大环境下，我仍能保持内心的平静，有时连我自己都难以相信自己居然可以有这么好的心态。每当我迷茫、担心、焦虑的时候，我就在心里默读这两句话，它们就像一把利剑，划破我心中的阴霾，让阳光洒进我的心田。

第三句：科学求真。

存在是合力的必然结果，那我应该尽量多地搜集"真"，在"真"的指引下趋利避害，让我达到目标的可能性一步步变大。

比如，在制定学习目标、选择学习方法的时候，我相信金老师的战略学习法是帮助我提高成绩的"真"，只要我遵循战略学习法的内容，就会迎来转变。

第四句：蓄量达变。

我从高三上学期的期中考试后开始运用战略学习法，到离高考还有一个月的时候，我的成绩都还没有飞跃性的突破。我妈妈很紧张，怀疑战略学习法是否真的有效。然而通过长时间运用这套方法，我已经感受到了它的威力。我说："你用锤子砸石头，砸了99下都没有反应，砸第100下，石头碎了。但你绝对不会说只有第100下有用，你知道没有前面的99下是不行的。"

安徽宣城中学的曾维晨被同济大学录取，原本迷茫、全班倒数第一、面临休学的他，成功逆袭，在学校引起轰动。（中为曾维晨，左为郑永烨老师，右为陈鸿雁老师）

2020年8月31日，学校邀请曾维晨为1000多名高一新生做报告。

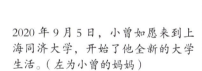

2020年9月5日，小曾如愿来到上海同济大学，开始了他全新的大学生活。（左为小曾的妈妈）

第五句：相信未来。

我坚信自己做到了第一到第四句，我理解了存在，接受了存在，又求真了，我是在正确的选择上做正确的事，我坚信结果一定是最好的！所以，在妈妈为我的成绩长时间都没有明显突破而焦虑时，我却信心满满地安慰她。当高考成绩公布时，看到我把众人认为的不可能变成了可能，家人们、朋友们和老师们都喜出望外。我的内心是喜悦而镇定的，因为我知道：这是心灵种树哲学树五句话和战略学习法的威力，也是我坚信并不折不扣践行这些合力的必然结果！

战略学习法：提高成绩的法宝

战略学习法作为心灵种树体系中的一环，带给我的绝不仅仅是成绩的提升，更多的是习惯和性格上的改变。

战略学习法可总结为32256，分别为"三信念""二隔离""二集中""五必须"和"上课六字法"。

一、牢记"三信念"。

1.方向决定成败。

目标就像指引我学习的灯塔，激励着我不断前进。定目标的核心在于：目标一定要远大。

我觉得远大的目标对我最大的帮助是提升了我的自制力，同时给了我前进的动力，让我一直保持低调。很多同学定目标的依据是：这次考得很好，就给自己定一个很高的目标，下一次没考好，又把目标降下来。我觉得目标是在一开始就定好的，之后就是坚定不移地向着目标奋斗。

临时定或者改目标只会助长偷懒和急躁的心理。而树立远大的目标让我从不满足于已经取得的成果，我会放下焦躁，集中精力在自我提升方面。

回头反思这个方法时，也解开了我的一个心结——自控力的误区。

在准备生物竞赛时，我们小组被关在一个实验室中 3 个月，我每天看书 13 个小时以上，几乎不说话，除了上厕所之外，我很少从自己的位子上站起来。当别人欢声笑语时，我仍埋头看书。我认为这样的自律可以给我带来更好的成绩，结果没想到我却考了小组的最后一名。

我一直不明白是什么原因导致了我的失败。难道自律有错吗？在学习了战略学习法后，我豁然开朗：当时我是强迫自己去学习，其实内心对生物竞赛只背不思考的学习模式是极其抵触的，学习时并没有明确的目标。虽然我是在学，却忽略了自己内心真实的感受。

我想用自己的亲身经历告诉大家：当你树立了一个自己渴望达到的目标之后，你就会主动埋头苦干。这种勤奋是发自内心的，自控力不刻意间也就提升了。在目标的驱动下，繁重的学习任务也瞬间变得轻松有趣起来。在别人眼里，你不知疲惫，但你自己知道，这是目标给你带来的无限力量。

2. 决心决定高度。

决心是让战略学习法发挥作用的必备条件。对战略学习法效果的信心、对自己能力的充分了解、对他人怀疑的潇洒处之，这三者形成的气魄让我有了志在必得的决心。

你想成为什么样的人，你真的就有机会能成那样的人。关键在于你的决心有多大，你是否为此全力以赴。

3. 方法决定成效。

战略学习法是针对传统学习方法的不足提出来的，用来帮助同学们走出"上课—遗忘—补课—做题—遗忘"的恶性循环，找到良好学习方法的通性。

二、详说"二隔离"。

"二隔离"对我来说是消除干扰的妙招。做到"二隔离"我觉得最重要的是决心。

1.与外界干扰隔离。

我觉得外界干扰主要出现在家里。在家的最大诱惑莫过于手机，这时你只需要把所有电子产品从你学习的房间里拿出去并关上门就行了。若你还是忍不住，建议不要在家自习。这一点我深有感触，我高三时能不在家学习就不在家学习，回家就休息。所以我高三的休息日、节假日也几乎是在学校里度过的。

2.与脑内杂念隔离。

对我来说，脑内杂念最易出现在自习的时候，没有老师的监督，自己很容易走神，浪费大量宝贵的自习时间而不自知。我们的大脑不是机器，一个信息进入大脑，就有数百万条通路在传递信息，产生无数的杂念。

我总结了两个解决方法。

一是重察觉，不评判。念头像是云朵在我们头脑的天空中来来去去，我们没必要抵抗它，更没必要在发现自己走神时责备自己："怎么又分神了？"我们只需要尽快察觉到注意力的游走，并没有评判地把注意力拉回到当下。每当我发现自己走神时，便温柔地把注意力拉回到学习上。这是我隔离脑内杂念的有效方法之一。

二是加快做题速度。天下武功唯快不破，高三不断反复地练习就是为了增加熟练度。当你要求自己加快速度时，你不得不更加集中精力、全力以赴。高三一定是效率至上，效果至上。

但隔离不是使自己成为一个不与外界沟通的苦行僧，我高三一直坚持的原则是效率大于时间。当你觉得疲惫或想休息的时候，千万不要抵抗身体的声音。即时休息，不要拒绝娱乐。

三、聚焦"二集中"。

"二集中"是提高学习效率的法宝，给我带来了沉浸式的学习享受。每当完成大量任务后，我的内心非常欣慰。我感觉自己的基础逐渐扎实，也因此越来越自信。

1. 时间集中。

时间集中，简单来说就是一次学习的时间要够长才能有高效率。现在流行用零散的时间来学习，但是每次就学一点点，或学一会儿休息一会儿，根本没进入状态。尽管你花了时间，但这些时间都等于打了水漂。

战略学习法告诉我一次学习的时长不能少于 3 个小时。我在学校时，自己可以支配的时间主要在晚自习。但晚自习一次不会有 3 个小时，中间会下课。下课时班上吵闹，那就站起来走一走或者趴在桌子上睡一觉，只要保证自己思绪还集中在自己刚才所学的内容就可以。

整个学习的过程中心理健康也很重要。在力求效率的同时，我们需要自我调节缓解压力，精力充沛地迎接下一个时间段的学习。

2. 内容集中。

我运用内容集中的方法，一个星期就学一门课，把一个部分学透了再进入下一部分的学习。每一个学科的做题思路不同，当我把大量的时间用在同一个科目的学习中时，我会逐渐适应这个学科的思维。比如学习物理，我觉得哪一章比较困难，就会把这一章所有能找到的题目都拿出来，用一天的时间做这些题目，然后就能总结出这类题目的规律和做法。

需要注意的是：所有理论落到实处时都要有主观能动性。作业层面还是要以学校任务为重，但完成了学校的任务后要马上用"二集中"的方法来自主复习，这也就是战略学习法中的"咬住一门，顾及其他"的战略。

四、着重"五必须"。

"五必须"是指看书必动笔、动笔必编网、编网必记述、记述必反复、反复必丰富，其核心是为了使我们将学到的知识点用逻辑编成相互关联的知识网。

我以前和同学们一样，即使成绩有提高，但总是担心下一次考试成绩会掉下来。金教授说："用战略学习法，成绩提升上去就很难往下掉。"他解释说："我们参加考试，考卷上的题目就像河里的一条条鱼，我们答题就像是抓鱼，抓到的鱼就像是我们考试得到的分。我们抓到的鱼越多，就考得越好。那么用什么方法抓鱼，就决定了我们最后抓到的鱼的数量。如果我们对一门学科知识的掌握还是停留在一个个孤立的知识点，那就像是在用鱼钩去钓鱼，钩到了一条鱼，其他鱼都跑掉了。如果我们找到知识点间的联系，把它们用逻辑编成一张知识网，那就像编好了一张渔网，撒出去，鱼都在网里面。那么任何题目，我们都可以一网打尽。"

编网是要求大家把知识点在纸上用逻辑的链条连成一张网，但这绝对不是什么做笔记的技巧，而是一种思维方式。要求大家在纸上写出来是为了促进大家有编网的思维。所以不要认为在纸上编好网就可以了，在大脑里编网才是最终目的。

决战高考：关键的十天和考场上的心态

距离高考还有 10 天时，我们最后一次模拟考试的成绩出来了。虽然我已经进步了不少，但分数离我的目标仍然有很大的距离。我有些困惑：为什么自己明明有能力却还是提高不了分数？

父母让我报考南方科技大学的自主招生，说是用来给我保底。然而我报名之后，他们却说我能考上这个学校就已经不错了。我知道后生气地说："我已经有目标了，凭什么认为我不行？"

我们当时课程已经全部结束，在学校里几乎全是自习，我能感觉到教室里的紧张气氛。有同学说："最后几天了，学也提高不了成绩了，心态调整好就行。"家长、老师、同学都在不停地告诉我："你可能没法突破了。"但我依然没有丧失信心和希望。

我这时又联系了金教授，金教授先是给我讲解了一下"倒五步法"。我觉得这个方法的核心是读题。读题可以充分挖掘题目的本质，是解决难题的妙招。另外，读两遍题的方法更是提醒我仔细读题是多么重要，这让我在高考考场上没看错一道题目。

其实我当时对即将来临的高考是心存畏惧的，所以没有列出最后 10 天的复习计划。金教授知道以后，马上带着我安排高考前的复习计划，用扫描知识点的方法让我最后 10 天内还可以把所有内容再复习 3 遍。

金教授告诉我做题目的策略：一是先易后难，感觉有困难的题目先放着；二是把高考当成平时的一次测验。这保证了我能把简单的题目都做对，也使我有了一颗平常心。在一些同学最后仍纠结于难题时，我专心看课本，把最基础的知识又巩固了一下。

最后，金教授告诉了我影响高考成绩的因素：第一是考试时的心态，第二是考前的心态，第三才是知识水平。我又询问金教授："最近这段时间我们班的氛围比较压抑，也有同学在班上抱怨，导致其他人也跟着紧张。有什么办法可以让自己保持一个良好的心态呢？"金教授说："不要评判别人。就像风吹过，树叶落下一样对待这些事就行了。"在金教授的帮助下，我在最紧张的时候始终保持着内心的平静，最终完成了逆袭。

结语

我是千千万万高中生中的一员。在接触金武官教授和心灵种树之前，身心的疲惫、对客观事物的困惑，让我困在自己结成的网中无法自拔。这种痛苦我至今仍记忆犹新。

随着深入学习"心灵种树之哲学树"，我发现有很多同学同样身处自己织成的苦网中而不自知。我多么希望能帮到他们，就像当时我多么希望能有人帮我指明方向一样。他们因为自己的消极心理导致成绩下降，而他们自己不知道问题出在何处。所以，我觉得将我的经历和想法整理成文是我的责任。

希望这篇文章可以给众多高考学子焦灼的内心带来一口清泉，更希望借此激励更多人投身到对学习和文化的思考中，推进心灵种树体系的发展。

后　记

　　我将这本书修改过的第三稿完整交给出版社的时候，已经是夏花盛开，中国的大地上一派欣欣向荣的景象。

　　7月底，一位安徽的高考生小曾同学给我们寄来一封信，信中写道："2020年的上半年真是不同寻常，我原本以为我'死定了'……现在我觉得把'心灵种树'称为我精神的救赎者一点儿也不为过。"他曾因为竞赛的失利、朋友的升学、外公的去世而一度陷入迷茫和无助的灰暗状态，"高三才开学，我已经感觉到生活难以正常进行下去，更不要说是在学校里学习。晚自习我就是对着眼前的题目出神，痛苦让我无法呼吸。我当时觉得我一定是最倒霉的学生了，接踵而来的痛苦让我对未来失去了信心。"

　　小曾同学通过自己的舅舅找到上海的金武官教授，金教授以远程视频的方式为小曾进行了心理干预和学习指导。没想到三次之后，小曾同学就发生了巨大的变化。他在信中说："金教授用心灵种树不仅让我走出痛苦，更使我找到了精神的净土。其中的哲学树帮我找到一个看待世界的新角度，战略学习法助我探寻学习的真谛。""以前我一直觉得上高中很累，感觉人就是在被生活推着往前走，很无力。通过不断学习和运用金教授的方法，我的内心归于平静，人也变得放松。我很少像曾经那样感觉内心无助了。这是我以前从未有过的从容。"

小曾同学说，他以前成绩难以突破，是因为自己没有成套的理论和很好的学习方法。他几乎没有目标，对自己没有信心，考场心理素质不佳。"金教授的'战略学习法'督促我树立坚实的目标，有了理论支持，我学习时更有动力。即使目标看似遥不可及，但我从来没有怀疑过自己，一直坚信我可以，并为此付出100%的努力。考试时，我积极调整自己的心态，最终取得了令人满意的成果。"

小曾同学告诉我们他的高考成绩出来了，分数达到令人惊喜的671分！"这几天忙于填报志愿、学车、运动等，但我仍在遵循金教授的指导，考试后仍有自我要求，并希望继续学习心灵种树的内容。一直以来，金教授始终以全社会的文化重建为己任，他的这种精神深深感动了我。而在我不断运用金教授理论的过程中，我发现生活的各方面都可以用心灵种树的内容去解释。所以在高考结束后我就开始着手写文章，以记录心灵种树对我的影响。"

小曾说："很幸运，在金教授的帮助下，我从苦海中走了出来。我对自己之前低迷、痛苦、茫然的状态至今仍记忆犹新。我发现有太多的同学处于和我之前一样的状态，我理解他们的痛苦。我希望我的经历以及我改变后的收获和感悟，可以使更多人理解心灵种树的内涵，帮助他们走出人生的低谷。"

利用假期时间，小曾把他的感悟文章写到两万字，我们从中摘选了约6000字编辑进书里。8月底，安徽宣城中学邀请小曾为全校1000多名高一新生分享自己成功逆袭的体会和经验。9月初，小曾同学去上海同济大学报到。他的愿望实现了。接下来"心灵种树"系列丛书的第二部、第三部会很快面世，相信书中一个个真实、鲜活的案例以及更为详实的理论、方法，一定会带给越来越多的人启发，并使其从中受益。

就在我写这篇后记的时候，隔壁小会议室里正在进行家庭教育沙龙活动，十几个家长和郑永烨老师围坐在一起畅聊，他们首先表达的是对我们的感谢。就在前不久，我们举办了一次"青少年情商魔法训练营"，其中有十几个十二三岁的孩子几乎都存在同一个问题：打游戏成瘾。他们的生活规律完全被打乱，读书、写作业不用心，也不好好与人沟通，甚至对走出家门游玩都不感兴趣。然而，经过仅仅三天的训练活动之后，这些孩子就发生了难以想象的变化，这令家长们欣喜不已。

"请爸爸妈妈们也一定配合做出一些改变，多给予孩子一些鼓励、认同和赞美，帮助他们养成良好的行为习惯，否则孩子回去后很容易回到原来的状态……"郑老师恳切地与家长们交流。

"有没有家长训练营，我们也参加……"

孩子的改变带动了家长转变的意愿，我们深感欣慰的同时更感到任重道远。

在本书即将正式出版之际，特别感谢著名教育家、上海复旦大学老校长王生洪教授给予的重视和帮助，以及青少年心理专家郭铁军老师悉心的指导，上海交通大学医学院余黛儿博士给予的支持；感谢上海环创安装工程集团童浩良董事长及上海市企业家协会、企业联合会的领导、企业家朋友们给予的大力支持，云南蒙自智科高级中学杨凯文校长、上海新健康学院孙盛院长、丁盛培训陈妤院长、上海赞企培训郭美芳校长、绘多多钱春叶院长以及王群、孙舵、宫小龙、樊建德、李刚等志同道合的伙伴们的协助，上海电视台程峰老师和上海智读汇出版中心柏宏军老师的指点；感谢我们心理五班冬新、陈利、秀美、文渊、张羽、相远、明珍等同学们十年来的同行，还有伟良、洪金、虹雨、祁晓冰、郭丽丽、邓丽华、魏芳等老师们二十多年的陪伴，老同事宋敏、王兵、朱琴、邱少枫、卞正峰、陈艳、马睿超、子文等人的关心和鼓励；感谢家庭里亲人们的默默付出以及所有热心关注的朋友们！

我和我的好搭档郑永烨、杜文秀带领我们的团队，与金武官教授一起坚定地前行。希冀所有的学校、家庭都能"给孩子心灵种树"，真正培养出"既智慧成功又内心高贵幸福的理想的现代人"。欢迎给予我们反馈并联系我们，我们的邮箱是 xinlingzhongshu@126.com。

陈鸿雁

2021 年 8 月 1 日于上海静安企联大厦

读书笔记

读书笔记

好书是俊杰之士的心血，智读汇邀您呈现精彩好书笔记

一智读汇书友俱乐部读书笔记征稿启事一

亲爱的书友：

感谢您对智读汇及智读汇·名师书苑签约作者的支持和鼓励，很高兴与您在书海中相遇。我们倡导学以致用、知行合一，特别推出互联网时代学习与成长群。通过从读书到微课分享到线下课程与入企辅导等全方位、立体化的尊贵服务，助您突破阅读、卓越成长！

书 好书是俊杰之士的心血，智读汇为您精选上品好书。

课 首创图书售后服务，关注公众号、加入读者社群即可收听／收看作者精彩微课还有线上读书活动，聆听作者与书友互动分享。

社群 圣贤曰："物以类聚，人以群分。"这是购买、阅读好书的书友专享社群，以书会友，无限可能。

在此，我们诚挚地向您发出邀请：请您将本书的读书笔记发给我们。

同时，如果您还有珍藏的好书，并为之记录读书心得与感悟；如果您在阅读的旅程中也有一份感动与收获；如果您也和我们一样，与书为友、与书为伴……欢迎您和我们一起，为更多书友呈现精彩的读书笔记。

笔记要求： 经管、社科或人文类图书原创读书笔记，字数2000字以上。

投稿邮箱： 3391271633 @qq.com

投稿微信： zhiduhui006

读书笔记被"智读汇书友"公众号选用即回馈精美图书1本。精美图书范围： 1. 智读汇已出版图书；2. 京东、当当书城心仪已久的好书。两者任选1本，免费赠书（包邮）。

所有智读汇出版的图书背后，都有精品课程值得关注。欢迎咨询作者课程，希望到课堂现场聆听作者精彩分享的读者请与我们联系，我们共同享受阅读、学习与成长的乐趣！

咨询：13816981508，15921181308（兼微信）

— 智读汇书苑 095 —

关注回复 095 **试读本** 抢先看

● 更多精彩好课内容请登录 智读汇网：www.zduhui.com   新浪微博：@ 智读汇